微花园

玩种人气
多肉植物

ちいさいサボテンの
寄せ植え

[日]松山美纱 著

毛德龙 译 飞思数字创意出版中心 监制

电子工业出版社·
Publishing House of Electronics Industry
北京·BEIJING

前言

接触多肉植物已经十多年了。
刚开始的时候，对多肉植物的形状及其颜色的可爱非常着迷，
于是慢慢地开始收集起来。
但是，当时对仙人掌可以说是完全不感兴趣的……
不过有一天，突然对仙人掌开始在意起来。
哎呀？认真看这些小家伙其实还蛮可爱的啊……
就是这样的突发奇想，使我慢慢对它们感兴趣。
接下来买的第一盆仙人掌是带有白色刺的，
现在想起来，应该是叫红小町。
仔细看会发现它的白刺长得很密，而且鼓鼓的，就像一个球。
不但可爱而且浑身长满着刺，真的很独特！
尖尖的部分很好看啊，我一边观察一边想。
而且不知道为什么，感觉它们有一种能让别人就算一直盯着看也不会觉得厌烦的魔力。
再留意一下其他的仙人掌，
发现每个都有自己的特色，
不管什么种类，都充满了无限的艺术美和可爱感。
对它们的多样化感到很惊奇，促使我想更快收集更多。
就这样一个个地收集起来，也一个个地发现它们的可爱之处，
想不着迷也不行啊。
最令人惊叹不已的是，它们还能绽放美丽的花儿。
用言语根本无法形容那些花儿的美丽！
白色的刺，好像戴着小小帽子一样开出粉红色的花儿，
花儿大得基本要把仙人掌给遮盖起来了，
这些颜色鲜艳的花儿一次又一次地盛放。
另外，既然有白天才开的花，那我猜也应该有晚上才开的花。
从而根据开花的形式不同，我发现花色也会不一样。
总的来说，我喜欢它们的可爱已经到了无法自拔的地步了。
当然，我的仙人掌收集到现在还在维持着。
打理这些仙人掌，其实十分简单。
阳光，一点水，既简单又容易养活。
最适合就是放在室内窗台上。
说到房间的布置，果然还是可爱的好啊。
这样买花盆的时候就要注意了，
在自己喜欢的花盆里，慢慢开始制作起组合盆栽。
希望大家也和我一样，
享受仙人掌组合盆栽所带来的乐趣。
被种在自己喜欢的花盆里的那些仙人掌们，就像我的拍档一样放在房间里。

松山美纱

目录

【本书的使用方法】
植物名：植物的一般俗称。学名：世界共通的植物名称（拉丁名）。植物解说则介绍各种植物的特性和习性、栽培方法还有组合栽培时的建议和使用方法之类。
本书的数据以日本关东地方的平野部作为基准。其他地方请根据实际温差进行栽培管理。

【特别事项】
关于植物名……本书中植物名的标记都附有片假名表示，学名、外国的种名以及品种名之类按照日本惯用的读法。属名和种名之间用空格来分开。
关于学名……品种名用 '' 括着。另外，cv. 表示不明园艺品种的省略，复数形式则用 cvs. 表示。sp. 表示不明种类，复数形式用 spp. 表示。

一起来享受制作多肉植物组合盆栽的乐趣吧！

生命力旺盛的多肉植物对园艺初学者来说比较容易栽培。
其种类丰富，且有很多富有个性的品种。
一起来用多肉植物来挑战制作组合盆栽吧。
让我们向 sol × sol 松山美纱讨教制作小多肉植物组合盆栽的秘诀。

松山美纱

在组合盆栽中创造故事，
让人想起多肉植物的原生地

"多肉植物组合盆栽的魅力在于在容器中能制作一道风景。长大以后植株之间会互相靠近，繁殖。看着这样一个生长过程，其乐趣绝不比眺望庭院差。一个花盆里面可以种多株多肉植物，虽然这样一来空间就会变得很小，但很想种很多的多肉植物！我会把多肉植物推荐给这样想的朋友们。"松山小姐说。

制作多肉植物的组合盆栽有几个要点，其中一个就是多肉植物的形状和颜色之间的搭配组合。

"圆形多肉植物搭配圆形的品种，高个子的柱形仙人掌则应该与直立向上生长的品种组合，这样的平衡才好看。至于颜色方面虽说可以随便搭配，但同样的颜色组合可以营造统一感，而不同的颜色组合时，又会营造出多彩缤纷的气氛。"

按照多肉植物的性质不同来培养也十分重要。在制作组合盆栽时，对闷热抵抗力弱的品种植株之间应腾出空间以保持良好的通风性。

另外，与选择多肉植物一样，如何选择花盆也很重要。花盆不同，组合盆栽的可设计性也会提高，更有利于营造美观的效果。松山小姐好像比较钟情于使用浅底盘和乳钵、陶制器皿等怀旧的老道具。

"拿到花盆后，首先是摆放在家中，好好观察它的形状。当充分了解完花盆以后，就考虑选择什么多肉植物和怎么安放多肉植物。"

刚开始挑战制作组合盆栽时，推荐大家使用容易观察到水分量的浅容器。因为多肉植物的泥土不宜过湿，如果使用太深的容器，中间的土壤就难变干，容易导致根部腐烂。"做完以后建议铺上化妆石和小饰物之类。如果石头看起来像岩石的风格，那就像原生地一样，可以让人联想起多肉植物的故乡来哦。"

使用到的多肉植物

从最大的多肉植物开始顺时针数起：满月 /Subducta/ 雪光 / 太平丸 / 小町 / 幻乐 / 太阳 / 小町 2 株 / 幻乐（中央）○ 容器使用比利时制的老式盆子。以雪光为主角种入 7 类白色的小多肉植物，比较容易营造统一感。容器：直径 230mm× 高 120mm

使用到的多肉植物

幻乐（左）/小町（右）〇实验道具方面
采用那些简单的工具也很有魅力。白色磁
制的坩埚搭配白色的多肉植物。使用像平
底锅一样有手柄的坩埚更有特色。
容器：直径 120mm× 高 30mm（左），直
径 90mm× 高 20mm（右），

使用到的多肉植物

从中间开始顺时针数起：宝草／十二卷／草玉露／银纱子宝／红鹰／冬星座／黄金玉露／鼓笛／春宫／敷岛／金筒球〇犹如草坪中生长着多肉植物一样，营造一种天然的气息。宛如向着太阳转，不管从哪个方向看都一样具有观赏价值是最为理想的种法。

器：直径 265mm × 高 185mm

使用到的多肉植物

从最右边开始顺时针数起：鸾凤玉／乌月丸／绯牡丹锦（已制成组合盆栽的花盆）。右前开始顺时针数起：白星／小町／金晃丸／太平乐等。中央：小人帽子〇把种入了多肉植物的简单陶制器皿摆在窗边。单株种植的时候，把大小不一的花盆摆在一起展示，比较容易取得平衡。把小花盆们聚在一起也很可爱。
容器（最右边开始顺时针数起）：直径170mm×高170mm／直径70mm×高80mm／直径95mm×高110mm／直径120mm×75mm／直径50mm×高70mm（中央）

使用到的多肉植物

右上开始顺时针数起：多毛高砂 / 白乐翁 /
小町 / 雪光 / 幻乐 / 乌月丸 / 雪岭丸 / 猩猩
丸（中央）○在特大的乳钵中种入富有个性
的品种，完成以后铺上化妆石轻石。把泥土
覆盖住，看上去就基本完成了。还能防止杂
草丛生，浇水的时候防止泥土弹上来。
容器：直径 215mm × 高 120mm

使用到的多肉植物

仙女之舞 / 春宫 / 白乐翁 / 幻乐 / 白乐翁
缀化 / 粉宁芙 / 白乐翁○伽蓝菜属的齿牙
仙女之舞下面种入多肉植物，营造一个有
大树遮阴的庭院风格。为搭配高个子的仙
女之舞，这里使用了纵向生长的柱形仙人
掌，以便日光照射多肉植物。
容器：直径 160mm × 高 200mm

使用到的多肉植物

最右开始顺时针数起：幻乐 7 株 / 小町 /
鼓笛 2 株 / 小町 / 幻乐 / 小町 / 冬星座 2
株 / 鼓笛 / 白乐翁 / 春宫〇恐怕这是个腌
菜用的老玻璃吹瓶。玻璃器皿有一个优点
就是能够很好地观察到土壤状况。

器皿：直径 220mm× 高 150mm

叽里咕噜，接连耸起，圆圆鼓
鼓……一起来好好养大这些个
性丰富的多肉植物们吧！

仙人掌到底是什么？

独特且具有奇特外形的仙人掌到底在哪里生长？
又是什么习性的植物呢？
在这里将向大家介绍它们的故乡还有栽培方法等。
让我们与仙人掌好好相处，度过快乐的仙人掌生活喽！

Sabo Data 1. 仙人掌是什么植物？

种类不同，形状也不同
的仙人掌。生长发育缓
慢，可以慢慢栽培。

仙人掌属于多肉植物的一类，是有着200属2500种的大科

仙人掌属于多肉植物的一类。多肉植物的故乡多数位于干燥地区，为了让体内存储足够多的水分，叶和茎、根都进化得很肥大。仙人掌科是有着200属约2500种的大科，在多肉植物中被人们以其他方式认知。

仙人掌与其他的多肉植物的不同之处其实并不是有刺与无刺的区别，而是在于刺座（p.23）的有无。例如大戟属的红彩阁虽然有刺但没有刺座。

生长地不同而进化出的形态多样的仙人掌们

仙人掌的姿态千差万别且富有个性。既有凹凸状疣突的和棱的，也有长着轻飘飘的毛的和带有又大又锋利的刺的。简单的球形、圆柱形……独特的形态让人不禁怀疑这到底是不是属于植物。这其实是为了适应严酷的自然环境而长年进化得来的结果。我们不知不觉中就会被仙人掌的不可思议和美丽、神秘所俘虏。

为了能在干燥地区生
存，仙人掌体内有
90%以上是水分。

Sabo Data 2. 🌵 仙人掌在哪里生长？

仙人掌的故乡位于南北美洲
干燥的荒漠地带

　　仙人掌的故乡在北美和南美的荒漠地带。也有森林性的仙人掌，如被称为丝苇仙人掌的丝苇属等。

　　知道了其故乡，那就等于知道了仙人掌的栽培方法。在荒漠地带，有长期的干旱期和雨期。下雨的时候，仙人掌会在体内储存足够的水分以备干旱期时用。到了干旱期时，仙人掌就进入了休眠状态以减少体内水分的蒸发。如原产地的骤雨季节那样，既有充足水分的时期和也有干燥的时期，这样有张有弛的栽培方法能使仙人掌长得很好看。

下加利福利亚的卡塔维纳中野生的仙人掌。在原产地中长到10cm以上的柱形仙人掌并不罕见。

在下加利福利亚的 Desierto Center，能看到仙人掌形成的森林。一排排巨大的武伦柱的风景十分壮观。

🌵 仙人掌是怎么长大的？

Step1. | 从母株身上收集种子

母株房子

母株

仙人掌都是100%人工授粉的。因为不与其他种类的仙人掌杂交，所以可以把各品种的仙人掌放在同一个房子里面。

通过让仙人掌授粉从而使母株结出种子

让我们去探访在爱知县春日井市"伊藤仙人掌园"里的塑料大棚中土生土长的仙人掌们，一起来看看它们的制作过程吧。这里是采集仙人掌种子的母株屋子。仙人掌开花以后，用细笔等工具进行授粉作业。这是因为仙人掌大多不进行自行授粉，而是通过同品种的其他植株之间授粉。授粉成功之后，过几天花房部分就会开始膨胀，一到两个月左右种子完全成熟。

仙人掌种子

用镊子收集完熟的种子，用漂布包着揉，直到只剩下种子。用水洗干净然后风干，放进封筒保存。

step2. | 小小仙人掌宝宝的生长

采集完种子以后，就轮到播种了。在伊藤先生的农场里，播种一般在5月到7月中进行3次。让人意外的是，如果不下雨仙人掌种子好像不会发芽。

"不仅跟湿气相关，也可能还与气压有关。播下种子后2~3天内下雨是最好的时机。"

2周到1个月以内种子会发芽，3个月后，种子会长成小指头那么高。

刚发芽的小仙人掌非常喜爱水分。为了不让泥土干燥，在木箱底下要给予充足水分。

step3. | 稍微长大一点的仙人掌们

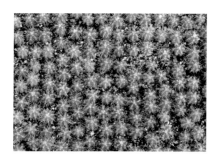

出芽以后过了半年，进行第一次的移栽。用筷子温柔地把一株株幼苗夹住，放到装有泥土的浅盆里。一个浅盆可以容纳近 500 株幼苗整齐排放。这些仙人掌宝宝们要在浅盆里度过半年时间。

幼苗的移栽是一项需要耐心的工作。移栽完毕后容易产生疾病。一株幼苗生病就有可能传染给其他幼苗，因此每天的细心观察非常重要。

step4. | 更大一点的仙人掌们！

出芽以后过了一年半的时间，进行最后一次移栽。这里是已经满了两岁，准备上市的仙人掌们的房子。在温暖的房子里苗壮成长的仙人掌们犹如颗粒一般！从这里输送到育苗农家等全国的业者手上。

竹笋般健康成长的可爱的白云阁。真没想到长到这个程度已经花了 2 年。

Sabo Data 4. 🌵 仙人掌有什么类型？

仙人掌按形状分为 6 种

仙人掌为了适应栖息地而进化成各种各样的形态。如果按照形状来分类，有树叶仙人掌、团扇仙人掌、柱形仙人掌和球形仙人掌 4 个类型。再加上有星类和强刺类，共 6 个大类。在这么多不同的类型里面，选一个自己喜欢的来种植吧。

type A. ｜柱形仙人掌

属于棒状且向上生长的仙人掌。形状有角柱状、圆柱状、纽带状等。纵向有称为棱的凹凸结构。有的品种还超过 10cm 以上。

type B. ｜团扇仙人掌类

紧跟叶子仙人掌后面被称为原始的仙人掌。叶子变成刺，茎肥大呈椭圆形或片状。节点重叠且纵向生长。

type C. ｜有星类

刺退化，只留下刺座，是进化中的进化型仙人掌。皮肤上有绵毛或者斑点。圆滚滚的，扁平型的兜和星形的鸾凤玉之类，形态简单之余又让人印象深刻。

type D. ｜叶子仙人掌

更加原始的仙人掌。柑橘类一样的叶子表面有光泽，主要用来防止水分蒸发。一般作为砧木使用，而几乎不作为观赏使用。

type E. ｜球形仙人掌类（高地性）

有刺、棱、疣突，呈圆形球体生长，是盆栽仙人掌之中最为人们所熟悉的一类。有从小型到大型等各种类型。

type F. ｜强刺类

强刺球属或者金琥属等是有着坚硬强刺的仙人掌。刺色有红、白、黄、紫等。压力逼人，正如仙人掌这个名字给人的印象一样。

moni Column 1

仙人掌也有颜色

色彩多样的体色犹如艺术品一样

　　和其他植物一样，仙人掌也有斑锦的种类。之所以出现有颜色的种类，主要是因为体内叶绿素缺失而导致突变种类的出现。红色、黄色、白色以及复合色彩出现，进而观赏这些色彩的配合。斑锦的模样根据个体不同而有所不同，因为物以稀为贵，所以这类仙人掌的价格也卖得比较高。斑锦的搭配也有趋势，最近流行复合颜色比较深，斑锦之间的搭配平衡好的类型。

左：翠晃冠。中和右：绯牡丹锦。有色种比起普通的品种习性稍微柔弱，对夏日的强光抵抗力弱。

moni Column 2

仙人掌的木质化是什么?

长大以后的仙人掌植株底部简直变成木头一样

　　仙人掌长大以后，为了支撑发育了的上身部分，植株底部会变成茶色，而且很坚硬。这就是木质化，在柱形仙人掌和团扇仙人掌等中最为常见。根据品种不同，有的容易木质化，也有的很难木质化，如球形仙人掌。如果几年也不进行移栽，就会很容易木质化。如不想让其木质化，就得一年进行一次移栽，以保持优秀状态。

5年没有进行过移栽的金晃丸，根部已完全木质化了。虽然已经木质化，但对仙人掌的生长不造成影响。

Sabo Data 5. 仙人掌不可思议的外形

奇妙的姿态给人很大冲击力，面向收藏迷们的缀化品种

一般来说植物只有一个生长点，然后植物沿着这个生长点生长。而缀化种则是因为突然发生变异而使生长点呈线状，向着多方向生长，变成扇形或扭曲卷叠的状态。虽说每一个仙人掌品种都能出现这种情况，但由于数量稀少，作为收藏迷们的收藏品通常卖很高价钱。近年来一般被称为"缀化"。

金筒球的缀化品种。单株种植也不错，但如果使用在组合盆栽中时，能制作出富有个性的作品。

Sabo Data 6. 仙人掌的可爱花朵

花色和形状、大小和质感各异，有重瓣开到单瓣的花朵。左：在中心开花的鸾凤玉。右下：软乎乎的花座上面开着粉色的可爱花儿。左下：金琥的花朵。

开花的仙人掌比任何时候都要有魅力

花是仙人掌的魅力之一。花朵都有自己的寿命，既有像昙花属的月下美人和天轮柱属那样夜晚开花，早上闭合的，也有能持续盛开 2~3 天的花。还有像雪光属的，昼夜重复开闭近 2~3 周。

花朵又大又好看的品种，作为观花类仙人掌可以用作收藏欣赏。用在组合盆栽时，还能享受到季节不同所带来的乐趣。

Sabo Data 7. 仙人掌的进化

仙人掌们为了能在严酷的环境中存活而发生的剧变

仙人掌之中被称为最原始的是像柑橘类一样有着大叶子和刺的叶子仙人掌。为了经受住干燥的气候，叶子仙人掌向着茎部肥大且多肉质的团扇仙人掌类进化。叶子退化成圆筒状，肉质，常早期脱落。为了进一步减少水分蒸发，叶子全部退化，变成全身都能进行光合作用的柱形仙人掌类。体质强健且挺直，

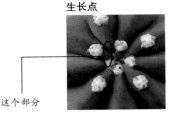

生长点

棱

这个部分

生长旺盛的部分。通常位于仙人掌的顶点部位。由于突然变异，生长点变成线状的缀化种。

从团扇仙人掌向柱形仙人掌进化时的发达部分。扩大表面积来遮光，起到散热器一样的作用。

这个部分

棱很发达。而为了能更好地适应严酷的环境，棱从原本连贯的皱褶状变成不连贯的疣突状，柱形仙人掌进化成球形仙人掌。最终所有刺都退化，成为了最终进化的形态，也就是牡丹类。

庞突

棱进一步进化会变成不连贯的疣状突起。球形仙人掌中有很多种类有着疣突。

 仙人掌的进化过程

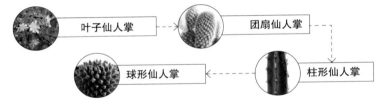

叶子仙人掌 → 团扇仙人掌

球形仙人掌 ← 柱形仙人掌

Sabo Data 8. 仙人掌的刺有什么用？

用刺毛来保护身体，抵御强光、动物、地热、低温等严酷的环境

仙人掌的刺和毛可以起到防止被动物吃掉、挡住雾气的侵袭、制作影子遮光、降低体内温度等作用。如乳突球属那样长着白色的细刺，可以防止冬天的寒气侵袭。而仔球容易脱落的种类，则通过刺钩附在动物身上，运到其他地方进行繁殖。另外，当仙人掌掉到地面时，刺能避免植株直接与地面接触，起到保护作用。

这里是刺座

刺座

所谓刺座，就是刺、花还有种子长出来的地方。有的种类刺座长着锦毛，看上去犹如座垫一样。刺座一般位于棱、庞突的顶点等地方。

🌵 日本出产的可爱仙人掌

掀起一大浪潮的 MADE IN JAPAN 的全斑仙人掌

绯牡丹是在日本培育出来的仙人掌品种。其鲜艳的绯红色会让人有一瞬间误以为那是一朵花，这其实是因为完全没有叶绿素而导致变异的状态，植株无法进行光合作用。因为单体无法存活，一般嫁接在三棱柱上栽培。由于绯牡丹非常受欢迎，现已向全世界输出。如今在韩国也有栽培，反过来向日本输出。

刚培育出来的时候只有绯红色，现在已经有黄色和淡粉色等颜色面世，价格便宜。

一起来养仙人掌吧！

仙人掌的原产地位于南北美洲大陆，
多数是干燥的荒漠地带。虽然日本与原产地的气候截然相反，
但也能栽培仙人掌。熟悉仙人掌喜好的环境，健健康康地养株仙人掌吧。

🌵 仙人掌喜欢什么样的生长环境？

干燥地带出身的仙人掌喜好阳光和通风的环境！

仙人掌喜好阳光充足、通风良好、雨水打不到的地方。反过来对仙人掌不好的环境是没有阳光、湿度高、通风不好的地方。处于恶劣环境下的仙人掌会长长、根部腐烂，最终枯死。为了仙人掌的健康，最好的方法是建造温室，但也可以放在屋檐下或者阳台上，如果是室内，要放在阳光照射得到的窗边。

🌿 阳光

白天照射充足的阳光，刺色会长得很好看。另外，冬天断水时根据阳光量的多少，会开出漂亮和不漂亮的花儿。充足的阳光对于培育美观的仙人掌必不可少。

🌿 湿气

虽然有仙人掌喜好一定程度的湿度，如裸萼球属，但大多数仙人掌都不喜欢夏天的湿气，应该把它们放在通风良好的地方，尽量降低湿度。

🌿 根据季节不同而不同

虽然非常喜爱阳光，但也有很多仙人掌对夏日的直射阳光抵抗力不强，因此十分有必要遮光，另外还得注意冬天的寒气。当室外温度达到 0℃以下时，应该放在室内。

健康的仙人掌们在 sol×sol 的温室里排成一排排　还有很多松山小姐最喜欢的乳突球属仙人掌！

Sabo Data 11. 🌵 仙人掌适合放在屋外还是屋内？

冬天放在有阳光的窗边

放在室内栽培的时候，如果植株太靠近窗边，有时候会使周围温度与外面的温度无异。当外面气温太低时应把植株放到离窗台远一点的地方。

夏天遮光处理

夏日期间被强烈的日光照射会晒伤植株，可使用遮光幕或者窗帘来进行遮光。也可以使用大株的观叶植物或苦瓜窗帘来遮光。

仙人掌该放在阳光充足且通风良好的地方

　　春天到秋天，可以把仙人掌放在屋外的屋檐底下或者屋顶的阳台等避免直接被雨水打到、阳光充足的地方。切忌放在直接导热的混凝土和沥青上。在屋内时，把仙人掌放在明亮的窗台边，一天保持 4 小时以上的阳光照射，偶尔要进行换气保持通风良好。因为室内的阳光不是十分充足，偶尔放在外面晒晒太阳吧。冬天只要不是 0℃以下的环境就可以，室内就放在阳光照射得到的窗台边上。

Sabo Data 12. 🌵 购买时的选苗方法

到有良好评价的店里挑选良种苗

　　本来，在农家输送出来的仙人掌是很健康的，但由于销售商店的环境不同，仙人掌的状态也会发生改变。在商店中，日光不足的地方仙人掌会渐渐变弱。检查好商店的状况，定期去有信用的商店里逛逛。另外，利用网购直接从生产的温室里购买也不失为一个好主意。

良种苗

全身长得很好看，无伤口，给人感觉很娇嫩。团扇仙人掌或者柱形仙人掌之类要选择前端没有变小的幼苗。

不良苗

表面有伤口、前端变小、变色等。总体看上去很不娇嫩，避免选择这样的苗。

Sabo Data 13. 🌵 关于仙人掌的土壤

混合土

用市场上卖的就可以了。自己调配的时候，小粒的赤玉土、薫炭、川砂按照3:1:1的比例混合。也可以加入有机肥料。

赤玉土

中粒的赤玉土可以作为盆底石使用。盆底石保持通风作用很有必要，务必要用上。

轻石（大）

作为盆底石或者装饰石使用，价格稍比赤玉土高。但使用较重的大型盆时，轻石要比赤玉土轻，推荐使用。

轻石（小）

种植完了以后作为装饰石使用。铺上化妆石，浇水时就能防止泥土沾上植株，保持仙人掌的美丽。

鹿沼土

用在仙人掌的培养土上，但小粒的类型也可以作为装饰石使用。便宜且容易处理是其魅力所在。

装饰石

盆栽完成以后作为装饰石使用。可以放上几块大块的石头来突出效果，在制作大型的仙人掌组合盆栽时可以用上。

使用仙人掌喜爱的排水性能好的土壤

如果是养育小盆栽仙人掌，那用仙人掌专用的混合土就足够了。混合土品质不一样保水性也不一样，所以要在泥土干燥的时候仔细观察，调节浇水的频度。除了土壤之外，也准备好作为盆底石用的赤玉土。可以根据个人喜好使用能充当装饰石和盆底石的轻石。

Sabo Data 14. 🌵 仙人掌要施肥吗？

肥料尽量控制在适量范围内以保持健康

肥料在移栽时作为基肥放在根部。由于肥料过量时会引起灼伤，所以一般使用化学肥料时要控制在少量范围之内。在园艺店里有卖仙人掌用的肥料，用那个就不用担心了。仙人掌养在花盆这样一个有限的空间里，给予适量的肥料可以使其长得更好看。花类仙人掌开完花以后就给施点肥吧。

化学肥料

使用仙人掌专用的肥料，就按照说明的分量添加好了。而使用一般花草用的化学肥料时，尽量控制在少量范围内。

Sabo Data 15. 🌵 **仙人掌的浇水**

日常的浇水方法

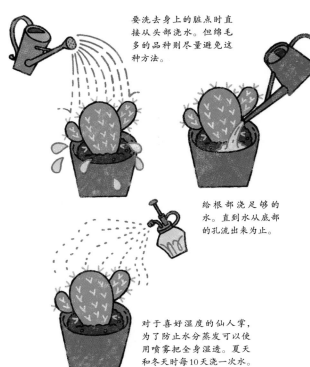

要洗去身上的脏点时直接从头部浇水。但绵毛多的品种则尽量避免这种方法。

给根部浇足够的水。直到水从底部的孔流出来为止。

对于喜好湿度的仙人掌，为了防止水分蒸发可以使用喷雾把全身湿透。夏天和冬天时每10天浇一次水。

在生长期浇水，休眠期时有张有弛地浇水很重要

　　春天和秋天，按照品种不同而进行不同频度的浇水。如果容器底部没有孔，浇水至土壤差不多全湿就可以了。往容器中加入其容积约一半的水就能使全部土壤湿了。加水过多时倾斜花盆把多余的水倒出，防止根部腐烂。而休眠期的盛夏和冬天要尽量控制浇水密度，保证仙人掌的休眠。

🌵 **夏天浇水**

浇水尽量选择在早上，还有气温下降的傍晚进入到夜晚这段时间。如果在炎热的时间段浇水，花盆中的水会变热，伤及根部。

🌵 **冬天浇水**

提前在中午前适当浇水，浇水以后气温上升也不会给仙人掌造成负担。如果在下午和傍晚时浇水，随着气温下降，根部有可能会冻结，得注意。

Sabo Data 16. 🌵 **每天观察仙人掌会发现什么？**

通过仔细观察，读取仙人掌发出的信号！

　　养育仙人掌，最重要的是每天观察！平时看多了，就能注意到其状态的改变。如有虫子、腐烂了、长长了、身体变皱了……当身体出现不良状态时，仙人掌就会发出信号。在为时未晚前处理，能使仙人掌健康美丽地成长。

按季管理要注意什么？

🌵 **春·秋（生长期）的管理**

生长期开始时进行移栽。进入生长期后，应适当频度地给仙人掌浇水。仙人掌健康的时候害虫会增加，发现后要马上清除。

🌵 **夏·冬（休眠期）的管理**

大多数仙人掌在盛夏和严冬时进行休眠。夏天应该放在阳光直射不到并且通风良好的地方。而冬天为了防止冻结，可以放在窗边和温室之类的地方。

🌵 **这样的仙人掌，还好吗？**

帮状态不好的仙人掌恢复健康的对策

导致仙人掌不健康的原因有很多，如水分量与温度的不适宜。当收到仙人掌不健康的信号时，最重要的是尽早处理。按照状态来看，很遗憾有可能会枯死，但难得是自己买回来的喜欢的仙人掌，不到最后也不要放弃，守望着它快点好起来。

症状 A. ｜长长
日照不足，身体徒长，摇摇欲坠

如果阳光不充足，表皮就会掉色变坏，变成病弱植株。右边照片是长时间日照不足导致无法恢复的后果，而左边照片的龙神木只要把前端变小的部分切掉，植株本身会重新发育。如果徒长的出现还在初期，只要把仙人掌放在阳光充足的地方很快就能恢复，一旦徒长了，变细长的部分则无法变回原状。

症状 B. ｜有伤口
有可能由伤口导致腐烂

接触伤口周围时，如果感到有点软软的，那很可能是腐烂了。很多场合下一旦开始腐烂植株早晚会枯死，但减少浇水和保持干燥也有可能会很快恢复，不过会留下伤痕。在进行移栽等的时候，要小心千万不要伤到仙人掌。

症状 C. ｜全身枯萎
给过多的水及移栽时也会枯萎

有可能是水分不足，加多点水看看情况。如果状态没有改变，那就是因为土壤失去了保水性，要进行移栽。另外，用泡泡纸轻轻包着花盆，使花盆中的温度升高也会有明显效果。如果围得太严密会影响通风效果，应留出一定空间以保持空气流动。

症状 D. ｜变成茶色，干巴巴
聚集的水珠引起放大镜效果导致晒伤

　　从上浇水的时候，疣突的凹处会积聚水分，当强光照射过来时，水就充当了放大镜，把这部分灼伤。目前还没有解决办法，只能守望了。而作为预防，可以把凹处的积水清掉，也可以在浇水时往根部浇水。另外，在给长着长绵毛的仙人掌浇水时如果只浇在根部，能保持植株美观。

症状 E. ｜全身变成茶色
由于水分不足而突然进入休眠状态

　　如果水分不足，仙人掌就会停止生长，进入休眠状态。这种情况下，给予植株充足的水分时肤色又会慢慢从茶色变回绿色，重新开始生长。右边照片中的仙人掌身体还没完全干枯，浇水后很快就会没事。

moni Column 3
长得像仙人掌但又不是仙人掌

不但形状相似，而且还长着刺的多肉植物

　　多肉植物中有的植物跟仙人掌长得很像。例如大戟属的布纹球、春驹、红彩阁和魁伟玉都长着刺。区别方法是大戟属没有刺座，而是从表皮直接长出刺来。另外，身上有伤口时会流出白色乳液。

大戟属的红彩阁（左）和魁伟玉（右）。如果皮肤接触到白色乳液会引起斑疹，得注意。

小仙人掌组合盆栽
的 STEP · BY · STEP

那么，终于要进入挑战制作小仙人掌组合盆栽的环节了！
试着用可爱的小仙人掌和自己喜欢的花盆制作一个
原创的作品来吧。应该会成为很特别的一盆，让你非常呵护它。

准备的东西
种入仙人掌的必备工具

几件道具就能制作一个
小仙人掌的组合盆栽

　　为了种仙人掌，需要准备几件道具。为了避免直接接触到仙人掌的刺，镊子非常重要。再加上塑料手套那就更加便利了，但如果只是处理小仙人掌，一个镊子就已经足够了。用生活中常见的工具就能做出一个小小的仙人掌组合盆栽。那就让我们轻松开始吧！

镊子

制作小型组合盆栽时，镊子在安放仙人掌、种入泥土深处方面起到重要作用。如果有大小两个尺寸的镊子，可以根据仙人掌的大小而选用最方便的那个。

花盆

选择自己喜欢的花盆就可以了。只要留意浇水方面的事情，如盆底没有孔的花盆和食器、杂货等，很多东西都可以作为花盆使用。

手套

处理仙人掌时，保护双手而使用。尽可能选用刺无法刺穿的塑胶手套。

土

栽培植物不可或缺的土。植物从根部吸收泥土中的养分和水分，应选择排水性和透气性良好的仙人掌专用的混合土。至于盆底石则采用赤玉土。

基肥

使用慢慢显露效果的肥料。如果使用一般植物用的肥料，要注意用少量。商店里有仙人掌专用的肥料，推荐大家去买那种，这样就不用担心肥料的用量了。

其他

准备好浇水用的喷壶和切断根部的剪刀、倒入泥土用的培土工具等。

移栽铲子

移栽时候的必要道具。有挖出、混合泥土等多种用法。

调羹

制作小型组合盆栽时，代替铲子使用。往狭小的地方填入泥土时很有用处。

首先，轻轻松松先来个单品种植

往装小布丁用的杯子种入像长着兔耳朵的象牙团扇。通过简洁的容器把象牙团扇的可爱展示出来。

风格以简洁为主，选容器要拘泥一点！

　　制作组合盆栽之前，首先来挑战单品种植吧。单品种植能够把仙人掌身上的个性充分体现出来。由于所采用的容器不同，给人的印象也会截然相反，因此要一边考虑容器与仙人掌的相容性，一边选择所需容器！把仙人掌种入各种容器中，再排成一排，这样的单品收藏也很有乐趣。使用不同的容器，能营造一种热闹的气氛。

Point

要使单品种植的仙人掌好看，应该把仙人掌种在花盆的中心，保持平衡。象牙团扇不厚，容易倒，因此得把根部稳稳种入泥土中。

材料和道具

材料：象牙团扇

器皿：铝制杯，直径 55mm × 高 50mm

土 / 化学材料

道具：培土工具 / 镊子

种植方法

1.

用镊子夹住根部，如果根部伸了出来，就把附在根部上的泥土弄掉，解放根部。

2.

往容器加入少量泥土和少量肥料。

3.

用镊子夹住仙人掌，放到容器中，加上泥土。

4.

为了稳住仙人掌，用镊子一边压着植株，一边用杯底敲击桌面，使泥土沉实。

完成

Step 2. 挑战 2~3 种组合!

用个性不一的仙人掌制作绚丽多彩的可爱盆栽

来尝试在小马克杯中种入三种仙人掌吧。使用马克杯制作时，比起从正上方观看、横着或者斜着看更加自然。横方向看的时候，为增加美观度，选择高度各异的仙人掌形成高度差。再采用不一样的刺色和体色，就形成了鲜明的色差，更加好看。白色仙人掌之间、深色系仙人掌之间的颜色搭配，等等，以各种各样的主题去创作也非常棒。

Point

选择高度不一的仙人掌时，很自然地形成高度差，造就了富有个性的立体组合盆栽。使用带有长绵毛或者白色的仙人掌时，加上装饰石能够有效防止水渍。

材料和道具

材料：黄金丸 / 大统领 / 幻乐
容器：直径 90mm × 高 60mm
土 / 化学肥料
道具：培土工具 / 镊子

种植方法

1.

往容器中加入少许泥土。加入少量化学肥料。

2.

加入泥土至容器的一半高度为止。

3.

容器最左边种入黄金丸，最右边种入幻乐。调节好 2 株植株的根部高度。

4.

往黄金丸和幻乐的根部盖上泥土，把植株固定。

5.

容器的前面种入大统领。与步骤 3 一样，调节好与前面 2 株仙人掌的高度差。

6.

往根部加入泥土以固定大统领。

7.

由于中间部分较难加入泥土，在少泥土的地方用镊子把泥土加上去。

8.

为了稳住仙人掌，用镊子一边压着植株，一边用杯底敲击桌面，使泥土沉实。

9.

根据爱好在土壤上铺上装饰石，完成。浇水要在种完的 10 天后才进行。

完成

🌵 **与仙人掌以外的多肉植物之间的混合组合盆栽**

因配合纵长型的花盆而主要
使用细长的幻乐。为与月兔
耳形成极大的高度差，使用
了与幻乐一样纵向生长的粉
宁芙和金晃来填补空间。

天鹅绒系多肉植物
和簇生仙人掌的搭配

　以长着毛茸茸绵毛的幻乐为
主角，制作简朴气息的组合盆栽。
当仙人掌与它以外的多肉植物进
行组合搭配时，应该使用习性相
近的品种。

　这次使用的月兔耳和 Gulim
One（Echeverla Sp·）都是生命
力强大、容易养活的品种，就算
是加入到仙人掌中去也能健康成
长。如果是在遮光环境中生长的
裸萼球属的仙人掌，那就与在同
样环境中生长的十二卷属等多肉
植物进行搭配。

Point

　与其他多肉植物搭配组合时，选择
习性相近的品种。全体选择白色的
品种能营造统一感，而作为点缀，
增加了黄色的金晃。

材料和道具

材料：左上开始数起：月兔耳 /
Gulim One/ 金晃 / 粉宁芙 / 幻乐
花盆：直径 105mm × 高 140mm
道具：培土工具 / 镊子 / 盆底网
报纸（剪成与盆底网同样大小）

种植方法

1.

往盆中加入报纸、盆底网、赤玉土
和泥土，加少量肥料。加入泥土至
2/3 高度，种入幻乐。

2.

在幻乐的右手前种入粉宁芙，加入泥
土固定。调节好 2 株植株的高度差。

3.

在粉宁芙的前面种入金晃丸，与步骤 2
一样用泥土固定住。

4.

在幻乐底下种入 Gulim One。

5.

在盆子正面种入月兔耳。

6.

加入泥土，为了稳住植株，用镊子一边
压着植株，一边用杯底敲击桌面，使泥
土沉实。

完成

试试与很多大株仙人掌一起种吧!

形状、颜色、高度各异的小仙人掌和
大型的金琥组合，灵活运用鲜明的错
落感。使用大个的盆子时挑战一下这
种大胆组合吧。

材料和道具

材料：左上开始到右方数起：猩猩丸
/ 太平乐 / 幻乐 / 粉宁芙 2 株 / 小町 /
金晃 / 雪岭丸 3 株 / 金琥
容器：直径 270mm × 高 130mm
土 / 赤玉土 / 化学肥料
道具：培土工具 / 镊子 / 气泡缓冲袋

种植方法

1.

往盆子中加入大粒的赤玉土至
1/3 高，加少量泥土。要是再添
加肥料，就加入泥土至一半高度。

2.

为防止被刺刺伤，要用到气泡
缓冲袋。用袋子把金琥的身体
包裹住，放入盆里，选好位置。

3.

在已经放好的金琥周围加入泥
土，固定植株。

4.

把小仙人掌们种在金琥前面的
空位。左端种入雪岭丸。

5.

雪岭丸旁边种入高度不一样的
金晃。

6.

一边制造高度差，一边种入雪
岭丸、粉宁芙和幻乐。

7.

再种入小町和雪岭丸还有粉宁芙。
为突出个性，粉宁芙稍微种得倾斜
一点。

8.

泥土不够的情况下，往上面加
入泥土，调整泥土的高度差。

9.

右端种入太平乐和猩猩丸。

10.

用镊子往植株之间加入泥土，
堆紧泥土，使泥土沉实。

完成

用各种各样的小仙人掌把大株的金琥围住

用大容器制作仙人掌的组合盆栽时，一般以尺寸大的仙人掌作为主角。光有小仙人掌给人的感觉会很平淡，平衡不好，也不美观。在这里主要使用体径达15cm的金琥，而其周围则用小仙人掌包围，感觉就好像小仙人掌们围着金琥庆祝一样，要的就是这种印象。金琥的存在感很强，其他的仙人掌则选择各种各样的，无规则地种入。

Point

小仙人掌之间的高度、色彩形成鲜明的对比，各自彰显着自己的个性。

运用制作组合盆栽的秘诀
制作一个既漂亮又时髦的作品

制作多肉植物的组合盆栽,并没有"非这样不可"的道理,基本上按照自己的喜好来做就可以了。但是,让组合盆栽做得好看的秘诀倒是有几个。另外,按照多肉植物的习性和生长发育特点来进行组合,能使多肉植物们更加健康地成长。在这里给大家总结一些要点,实际制作组合盆栽时可以作为参考!

check A.
要做到不管哪个方向看
都是一种享受

盆栽放在窗边的时候,日光只能照射到一面,因此偶尔要转动一下盆栽,让各个方向都享受得到阳光。制作出来的组合盆栽不管从哪个方向看都能带给人某种程度上的享受最为理想。

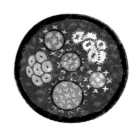

check B.
统一好形状和颜色,
初学者也能更好地掌握

颜色五花八门的组合盆栽虽然能营造一种欢乐的气氛,但稍有不慎就会导致凌乱的感觉。黄色系、白色系等,一旦决定好颜色的主题后,再制作具有统一感的组合盆栽。

check C.
使用习性相近
的种类

生长迟缓的球形仙人掌人如果和生长发育快的柱形仙人掌组合,整个组合盆栽的形状就会很容易变形,因此尽可能地选择生长速度相近的品种。

check D.
不管是多彩还是流行，
颜色都能使之变得可爱

黄色和白色的刺，从深绿到青白色的体色等，多肉植物的颜色非常丰富。虽然有点难度，但用各种各样的颜色进行组合，能制作出一个色彩缤纷的组合盆栽。

check E.
不耐闷热的品种
要留出空间

老人柱属和乳突球属的一部分品种对闷热的抵抗力弱。用这些品种制作组合盆栽时，植株之间应留出空间以保持良好的通风性。

check F.
组合的多肉植物
要选择习性强健的

以荒漠地带作为原产地的多肉植物有很多都是习性强健的，不推荐大家把仙人掌和在冬季生长发育的蛛丝卷绢属进行组合，习性强健的品种应该选择习性相近的品种进行组合。

Step6. 制作组合盆栽时的注意事项

既要防止被刺刺伤
也要温柔地处理幼苗

　　制作组合盆栽的过程中，在进行移栽时尽可能地不要给多肉植物造成伤害。稍微下点工夫就能既不伤及幼苗，又能保持美观的状态。切记：制作途中镊子是必不可少的工具。

不要让幼苗沾上泥土

刺与刺之间如果混入了泥土很难去除，强行去除有可能伤到多肉植物的刺。在进行移栽时，把幼苗竖放在容器的边缘就不会沾到泥土。不能把幼苗横着放在泥土上面。

不要伤到幼苗

拿幼苗的时候，必须要使用镊子，把多肉植物的根部夹住。这既是为了不被刺刺伤，也是为了不伤及到多肉植物本身。

轻松掌握制作组合盆栽时
不同多肉植物的用途

姿态和形状都富有个性的多肉植物们在组合
盆栽中所起到的作用也不一样。在这里向大家
介绍按照组合盆栽主题的不同如何选择不同用途的多肉植物。

Select 1. ψ 想突出层次感时

向上生长和横向繁殖的多肉植物能使组合盆栽更有特色。

黄金丸

黄金司

粉宁芙

金筒球缀化

金筒球

粉宁芙体型小且呈纵向生长。频繁繁殖的金筒球和黄金司一纵一横，能创造出层次感。使用缀化种能营造独特且令人印象深刻的组合盆栽。

Select 2. ψ 总之很可爱，很想用！

想把自己喜欢的品种作为组合盆栽的主角。通过让其群生簇生来引人注目也是一个方法。

全身被毛茸茸的毛覆盖着的幻乐是制作可爱组合盆栽的必备品种。圆圆的长着细刺富有魅力的雪光给人温柔高雅的印象。选择大株的植株和簇生都能彰显存在感。

幻乐

雪光

Select 3. 🌵 **以球形植物来突出以圆为象征的场合**

不管是单株的姿态还是长出仔球后的姿态都同样漂亮，以球形仙人掌作为象征植物来使用。

白珠丸

望月

满月

艳珠球

乌月丸

乳突球属之中，单体都是长得圆且大，然后横向繁殖的类型。在小型仙人掌中如果加入一个大的球形仙人掌作为标志，能提升整个组合盆栽的凝聚感。

Select 4. 🌵 **制作从上往下看类型的组合盆栽时**

为营造深刻的印象，制作从上方吸引人眼球的组合盆栽。

想要像鸾凤玉一样给人留下深刻的印象，就得注意运用上方的视线，推荐大家采用浅的容器。其他如扁平球的仙人掌也可以同样处理。另外，采用角度斜着种入的话，能制造出一种原产地一般的风景。

鸾凤玉

Select 5. 🌵 **想通过柱体突出高度或作为组合盆栽标志物的时候**

用徐徐向上长的柱形仙人掌来营造原产地的气息。

呈柱状生长的仙人掌作为标志一般种在花盆的最里面或者中心。在墨乌帽子的周围种入小仙人掌能营造原产地一样的氛围。花盆要配合仙人掌，适宜选择深且高的类型。

墨乌帽子

龙神木

Select 6. ## 想营造缤纷印象时

用仙人掌的刺色、体色和花色来增强组合盆栽的色彩。

这些仙人掌都能用来增强色彩感。金晃和红太阳这样刺色和体色不同的品种各加入一株，能营造色彩缤纷的印象。像红小町这种能开出美丽小花的仙人掌虽然有季节限定，但能在很大程度上提升华丽感。

红太阳

红小町

金晃丸

Select 7. ## 想营造沉稳的印象时

通过沉着气息的仙人掌来营造大人的世界。

牡丹玉

绯花玉

翠晃冠

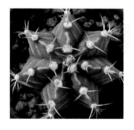

要营造一种沉着稳重的气氛，推荐大家使用裸萼球属的绯花玉或者牡丹玉。深绿色和红褐色深得令人难以置信，还有那让人意外的美丽的八重开花也增添了趣味性。

Select 8. ## 与多肉植物组合时格外显眼

与颜色和形状不一的多肉植物进行组合搭配时以仙人掌的存在感为主。

在仙人掌以外的多肉植物之中加入一些仙人掌来增强其本身的存在感也不失为一个好办法。例如把有很多子株的银手指加入到十二卷属中，其存在感就骤然提升了。

银手球

象牙团扇

白乐翁

仙人掌的移栽与繁殖方法的了解

仙人掌随着慢慢生长发育，会按照品种不同而进行繁殖。
看着它们成长虽然很有乐趣，但同时也要注意害虫疾病等麻烦的来袭。
在这里向大家介绍如何运用扦插和横切技术等方法来帮仙人掌进行繁殖，
还有如何处理害虫疾病带来的麻烦。

Sabo Data 18. 🌵 扦插繁殖

切口要彻底干透以防细菌

不仅是仙人掌，其他的如花草树木都可以通过扦插进行繁殖。这其中要数仙人掌的扦插最为简单。

仙人掌的扦插尽可能避免在梅雨时期和盛夏进行，一般选择在 4~10 月。切下仙人掌之后，放置 1~2 天直到切口干燥到可以种植为止。种完以后不要立刻浇水，要稍等一些日子，约 10 天过后就可以浇水了。有些种类的刺很容易掉落，因此作业的时候必须要用镊子把仙人掌的根部夹住。

材料和道具

材料：已繁殖的象牙团扇
/ 新花盆 2 个 / 土
道具：培土工具 / 镊子

扦插方法

1.

用镊子夹住已繁殖的小茎的节点附近，慢慢地前后摇晃，使节点断开。

2.

把茎从节点部分分离开来。

3.

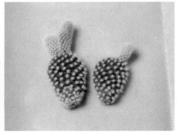

从母株上分离出来的茎如照片那样放置 1~2 天，等切口变干。

4.

为了不让茎横向生长，要放置一周以上时间，把茎竖着放在玻璃杯中。

5.

倒入泥土至容器的八成高。

6.

用镊子夹住象牙团扇的节点附近，插入容器中央。

7.

为了稳住仙人掌，用镊子一边压着植株，一边用杯底敲击桌面，使泥土沉实。

扦插完成

Sabo Data 19. 🌵 横切繁殖

横向切掉仙人掌，强制繁殖

　　对于难长出仔球的品种和想让欣赏其簇生姿态的时候，可以通过横切强制使其繁殖。横切的时候要使用健康的成熟植株。切断位置要避免靠近木质化的根部附近，应选择较嫩的地方。横切一般在 3~4 月、9~10 月进行，为使切断面容易干透，建议大家选择在晴天的早上进行操作。切刀要用干净的，使用前用火烤一下刀刃就最好了。

材料和道具

材料：金晃 / 土
道具：培土工具 / 切刀 / 镊子

横切方法

1.

因为 5 年都没有进行过移栽，植株已经长得很密实了，用切刀横向切掉一根茎。

2.

横切完成

切完茎以后。不要碰到切断面，
就这样让其变干燥。慢慢地从有
刺的地方会长出仔球来。

Sabo Data 20. 🌵 长大后的仙人掌的移栽

为了仙人掌的生长而选择
在早春进行移栽

建议大家对小植株一年进行一次
移栽，而大植株则 2~3 年进行一次，
组合盆栽也可以按照一样的频度进
行。如果不进行移栽，土壤中的营养
就会耗尽，且花盆里会长满根，无法
继续生长。移栽的时期选择在仙人掌
进入生长期的早春为之最好，现在就
帮你的仙人掌换个大点的花盆吧。移
栽完成以后，数天内不要浇水，一天
约三四个小时让其沐浴在阳光中。

移栽方法

1.

花盆中长满了根的金琥。

2.

为了包住仙人掌周围，把气泡
缓冲袋卷起来。使用气泡缓冲
袋很方便，可以避免被刺刺伤。

3.

用两个卷好的气泡袋把金琥围
住。

4.

如果根长出了盆底，就把老根
和长根剪掉。

5.

从气泡袋的上方把金琥拿住，
将其从花盆中拔出来。

6.

把粘在根部的泥土弄掉。因为泥土中有可能会有害虫，所以把泥土全部弄掉也无妨。

7.

根如果太长就用剪刀剪掉。然后放置1~2天，让根的切口干燥。

8.

因为赤玉土容易掉落，所以先在盆底安放报纸。当报纸融掉的时候根部已经张开，固住了泥土。

9.

往盆里加入作为盆底石使用的中粒赤玉土至1/3高。

10.

如果此时马上加入肥料，肥料会从赤玉土的缝隙中掉下来，所以一开始应先加少量泥土进去。

11.

加入少量肥料。

12.

用气泡袋包住金琥，放到盆中。

13.

往植株和花盆的空隙中加入泥土。

14.

加入稍多的泥土，然后用盆底敲击桌面，使泥土沉下。

15.

为了稳住仙人掌，用镊子一边压着植株，一边用盆底敲击桌面，使泥土沉实。

移栽完成

仙人掌也有害虫和疾病

一般来说，仙人掌是比起其他植物害虫和疾病都很少的植物。
但是，有时还是会出现害虫和生病的症状。让人觉得没有生气、
颜色变了、表面有害虫……当出现这些症状时就得马上处理！

🌵 需要注意的害虫

来了解一下仙人掌的敌人们——害虫与疾病

要预防生病和害虫最好的方法就是把仙人掌养得健健康康的，但当过湿状态持续时就容易发生疾病，过度干燥又容易出现红蜘蛛。当中还有些疾病具有传染性，对害虫置之不管还会引发更多害虫。平时多观察仙人掌的样子，一旦发现疾病和害虫就及早采取处理办法。

🌵 蚧壳虫｜对策与预防

多依附在团扇仙人掌、柱形仙人掌等表面。形状有白粉状、灰色的椭圆形外壳之类。没壳的时候可以用药剂对付，有壳时就用牙刷弄掉。

🌵 红蜘蛛｜对策与预防

0.5mm左右的像云团一样的红色虫子，仙人掌一旦沾上了这种虫子之后皮肤会变得黯然失色，变成褐色。应用专用的药剂喷洒杀灭。

🌵 绵蚜｜对策与预防

白色棉状的虫子，是煤病的诱因。寄生在刺尖、生长点和棱之间等地方并吸食汁液。可以用镊子除掉，或者用沾有酒精的脱脂棉涂在虫子上以驱除。药剂同样有效。

🌵 蛞蝓｜对策与预防

缠在柔软的生长点和新叶上，在仙人掌身上开孔。6~7月多属于梅雨时期，会出现它们爬行过的痕迹。由于一般都在夜间活动，一旦发现就马上杀死。也可以使用对付蛞蝓的药剂。

🌵 地老虎｜对策与预防

发生在秋天和春天过渡到初夏之间，吞食柔软的生长点。夜晚活动频繁，一旦发现马上杀死最有效。也可以使用专用的药剂。

🌵 根粉蚧｜对策与预防

像蚂蚁卵一样附在根部的虫子。由于从外观上无法发现，因此只能在移栽时检查。一旦发现，就在根部喷洒药剂。药剂的分量如果过多会产生药害，得注意。

🌵 需要注意的疾病

🌵 由细菌引起的腐烂 | 对策与预防

高温多湿时期，由于日光和通风不良而引起植株一夜腐烂，枯萎。把植株放在阳光充足和通风良好的地方进行预防。

🌵 根部腐烂病 | 对策与预防

由水分过多、土质不好、肥料过量等原因引起的疾病。如果根部已经腐烂，就把腐烂了的变成黑色的部分除掉，放在阴凉干燥的地方，并换成排水性良好的土壤。在仙人掌健康的时候把它从花盆拔出来检查一番吧。

🌵 煤烟病 | 对策与预防

刺座上有黑色灰尘一样的霉斑在扩散，属于细菌性疾病。因为是由绵蚜和蚜虫充当媒介，所以有必要用杀菌剂来防治，并驱除害虫。

🌵 环境恶劣时引起的变化

对仙人掌来说舒适的环境十分重要！

如果仙人掌所处的环境不适合，就会发生灼伤或者冻伤等情况。一旦变成上述状态后植株无法恢复，最糟糕的结果是直接枯萎。因此平时把仙人掌放在舒适的场所打理十分重要。

🌵 灼伤 | 对策与预防

仙人掌日光不足时突然太阳直射又或者放在密封高温的地方时就会引起灼伤，表面变得苍白糜烂。要注意保持通风良好，日光不足时要逐步放在阳光下使其能够习惯。

🌵 冻伤 | 对策与预防

持续寒冷或者下雪时，体内水分较多的仙人掌就会冻结。柔软的生长点部分等地方会变得透明，最后变成疮痂。长时间冻结的植株无法救活，冬天时放在室内是最好的预防方法。

"tot–ziens"店内摆放着的包括仙人掌
在内的多肉植物。该商店位于古老昭
和风格的楼房某一个铺位，里面摆满
了多肉植物和制作好的组合盆栽，还
有不少杂货，不禁让人产生闯入了什
么地方的错觉。

一起来享受用小多肉植物制作立体模型风格的组合盆栽的乐趣吧！

在多肉植物的组合盆栽中加入小物品和道具，
就能造出一个可爱的迷你世界。让我们一起向 tot-ziens
的孝裕子先生讨教一下如何创作一个小多肉植物的立体模型吧。

制作：孝裕子（tot-ziens）

使用到的多肉植物

从真空管旁边开始顺时针数起：姬将军／
还城乐／舞乙女／十二卷／白银宝山／猩
猩丸／荒波／短毛球→组合盆栽的主角是
球形仙人掌短毛球。以纵向生长的姬将军
和舞乙女作为背景，加入小型多肉植物，
创作出一个有张有弛的组合盆栽。

组合盆栽中使用到的战车和士兵是昭和 20 年代的日本点心赠品，再配合上真空管和电气部件等小东西，给人留以深刻的印象。展示用的小物品只要用身边常见的东西就可以了，不妨翻找那些在抽屉里沉睡的小玩具吧。

圆盘形的容器中创造出来的战争世界

在 UFO 一样的容器中制作出来的是士兵们在多肉植物上活跃的战争世界。配合灰色的容器，一个男孩子风格的盆栽就这样完成了。

"首先是选择容器，决定好主题以后就开始收集小物品，最后是选择多肉植物。这个组合盆栽以短毛球作为山丘，有战士站在上面，形成了一个小小的战场。"孝裕子先生说。

通过小物品与多肉植物的组合创造一个有故事的组合盆栽。一直盯着看也不会觉得厌烦的原创立体模型就这样完成了。

小物品是红色和橙色等暖色系。橙色边框的怀旧透镜是眼镜店里检查时使用的工具，营造一个透过镜头细心观察兜的印象。小小的看板和小蜡烛是孝先生很喜欢的作家（Non's House 先生）亲手制的。

diorama b.
Girl's Taste

用形状和颜色各异的多肉植物来制造一个有张有弛的个性丰富的组合盆栽

　　使用原创的容器，容器中央还放着一个铁制 R 文字的组合盆栽。加入了除多肉植物以外的多肉植物，营造一个女孩子的氛围。这里使用了春萌和天使之泪等玫瑰花状的有叶品种。

　　使用不是很深的容器时，关键是不要弄得太平面化。用八千代和簇生的橙宝山来突出高度和层次，然后通过柱形仙人掌的白云阁、恐龙角、嘉纹丸和扁球状的兜来营造高度差。

使用到的多肉植物

右上开始顺时针数起：橙宝山／恐龙角／春萌／兜／峨眉山／熊童子／金洋丸／嘉纹丸／天使之泪／白云阁／红鹰／八千代／碧鱼莲（R 文字中）〇木箱是拜托工场的老爷爷替我们做的，tot-ziens 的原创。

组合盆栽的制作方法

材料：左边开始数起：短毛球 / 还城乐 / 猩猩丸 / 十二卷 / 荒波 /
白银宝山 / 舞乙女 / 姬将军

土 / 鹿沼土（小粒）/ 椰子纤维 / 盆底石

容器（直径 200（内部·直径 120mm）× 65mm）

道具：培土工具 / 镊子 / 调羹

装饰用的小物品：士兵玩偶 2 个 / 战车 / 玩具船 / 真空管 / 电气
部件 / 螺旋桨飞机

1.

往容器中加入盆底石。当容器底部没有孔
时，为了保持良好的排水性，建议大家在
容器底部加入大颗的盆底石。

2.

加入泥土至容器的一半高度。

3.

种入作为组合盆栽背景的姬将军，用镊子
把它种在容器的最右边。

4.

把主角短毛球种在姬将军的左
手边。

5.

安放好植株以后就盖上泥土，
固定植株。

6.

种入还城乐。仙人掌属的仙人掌刺很细，
容易被刺伤，所以要用镊子。

7.

在还城乐弯曲处种入十二卷。

8.

容器前方种入荒波。与仙人掌形状有异的十二卷和荒波能使组合盆栽更有特色。

9.

环城乐前面种入舞乙女，容器前面的空间种白银宝山和猩猩丸。

10.

看得到泥土的地方用小粒的鹿沼土化妆石铺上。使用调羹比较方便。

11.

完成所有植株的种植。

12.

把喜欢的小物品和玩具等均衡放好。

完成

组合盆栽的制作方法

材料：左上开始数起：熊童子 / 八千代 / 峨眉山 / 兜 /
红鹰 / 金洋丸 / 嘉纹丸 / 橙宝山 / 春萌 / 天使之泪 / 恐
龙角 / 白云阁 / 碧鱼莲
装饰用的小物品：字母铁板 / 小看板（宽 30mm× 高
50mm）/ 蜡烛 / 放大镜 / 羊玩具
木箱（宽 120mm× 长 200mm× 高 50mm）
土 / 椰子纤维 / 盆底石
道具：培土工具 / 镊子 / 调羹

1.

往容器中加入钵底石。当容器底部
没有孔时，为了保持良好的排水性，
应在盆底加入大颗的钵底石。

2.

加入泥土至容器的一半高度。

3.

用镊子把八千代种在最左边。

4.

右上方种入橙宝山。以八千代和橙
宝山作为整个组合盆栽的背景。

5.

橙宝山前面种入稍高的恐龙角。

6.

容器左下方种入低矮的金洋丸，与作
为背景的八千代和橙宝山形成对比。

7.

八千代前面种入较矮的红鹰。

8.

天使之泪的叶子种出容器外边。恐龙角旁边种入个子不高的春萌和兜。

9.

R 文字中间种入碧鱼莲。在这种小空间里建议大家使用细长且纵向生长的品种。

10.

在天使之泪和红鹰之间种入高个子的白云阁，形成高低感。

11.

容器右前方种入峨眉山。

12.

最后种入嘉纹丸。倘若空间不够，就用镊子把种好的植株挪一挪。

13.

在泥土上铺上小粒的鹿沼土化妆石。

14.

植株种植完成。

15.

一边保持整体平衡，一边放置小物品作为装饰。

16.

如果根部不扎实，有松动，就用镊子夹住椰子纤维塞在植株根部使其固定。

完成

试着做个大型的立体模型吧！

习惯了小多肉植物的组合盆栽以后，
不如大胆挑战制作大型的组合盆栽吧。
孝裕子先生用喜欢的手办、杂货和多肉植物们替我们制作了
一个带有故事背景的组合盆栽。

制作：孝裕子（tot-ziens）

爬在桃太郎身上的恐龙、在金晃上面约会的恐龙情侣、误闯入恐龙世界的潜水员……这是一个能让人不禁笑起来的充满故事的模型。用自己喜欢的杂物和小物品来享受制作原创模型的乐趣吧!

big diorama
Hakoniwa

看见都觉得很欢乐，
生活着恐龙的多肉植物世界!

"要制作大型的组合盆栽，就得考虑到多肉植物的尺寸。先以作为主角的大型多肉植物为背景开始制作，随后再加入中·小型的多肉植物，这样就能很好地取得平衡"孝裕子先生说。

容器中不要把所有空间都种满多肉植物，留出一定的空间能营造一种多肉植物原产地的风景。至于装饰用的小物品，在创作好故事后再挑选能使作品更富有统一感。装饰小物品能进一步提升组合盆栽的魅力。

种入植株的时候，三两株同品种的种在一起是秘诀。这样一来就算种入很多多肉植物也不会有一种乱七八糟的印象，也能更好地体现各个品种的个性。

Hakoniwa
组合盆栽的制作方法

材料：

左上托盘：左边开始数起，短毛球 2 株 / 福禄寿 2 株

右上托盘：左边开始数起，筒叶花月 / 白云阁 3 株 / 兜 2 株 / 猿恋苇 / 金洋丸 2 株 / 翠晃冠 / 海王星 2 株

下方托盘：桃太郎 / 还城乐 / 橙宝山 / 金晃

盆底石 / 土鹿沼石（小粒）

木箱（宽 76mm×26mm× 高 130mm）

装饰用的小物品：夹子 / 牌子 / 电流断路器 / 托盘：真空管 4 根 / 恐龙 9 匹 / 小汽车 / 电化制品部件 / 电气部件 / 潜水人偶 / 生锈铁板 / 生锈铁制网（50mm · 3 块）

道具：镊子 / 培土工具

1.

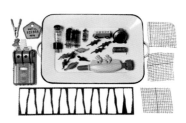

往木箱加入盆底石至木箱的 30mm 高左右。

2.

往容器加入泥土至木箱 8 成高左右。

3.

把短毛球种在木箱的左后方。然后按顺序种入大型的植株、高的植株就可以了。

4.

短毛球右边种入剩下的短毛球。位置要比步骤 3 中的短毛球精微后移一点。

5.

木箱的右后方种入福禄寿。

6.

福禄寿前面种入还城乐。接下来在木箱前方按顺序种入个子不高的多肉植物。

7.

短毛球前面种入桃太郎，其旁边种金晃九。形状不一的品种之间的靠近能形成错落感。

8.

左手前种入白云阁。有几株以上同品种时把它们种在一起能营造统一感。

9.

白云阁的右边种入金洋九和翠晃冠。

10.

剩下的多肉植物在保持整体平衡下种入。

11.

摆好喜欢的小物品。

12.

作为主角的小物品放在最引人注目的地方，短毛球的前面。

13.

小物品全部放置好。

14.

铁牌子之类的东西用夹子固定在木箱前方。

完成

仙人掌迷你图鉴

sol×sol 的松山小姐将为我们介绍约 200 属 2 500 种仙人掌
之中的其中 91 种。以容易养育且很适合作组合盆栽的品种为主，
还有很多个性派的品种。一边寻找自己心目中的仙人掌，
一边学习栽培方法和了解它们的特征吧！

监修：松山美纱（sol×sol）

星球属

Astrophytum ｜ 工整的外形和覆盖着白点的肌肤是其特征

几何学的外形到底是人工制造还是外星人？
独特的结构是它的魅力

　　身体被白色的斑点覆盖，看上去犹如繁星一样，因此被称为"有星类"。一般拥有 5~8 条棱，无刺，是仙人掌之中最为进化的形态。白色绵毛和斑点可以起到遮光和降低体温的作用，中心部分开出大花时的姿态也很吸引人。刺座上圆圆的东西是花芽的痕迹。除了兜以外球体长大以后都会向柱状生长。在日本很流行星球属的杂交，并向全世界输出。

生长期：4~10 月

习性与栽培方法：强光下容易灼伤，夏天应避免直射阳光，遮光处理。根部细且柔弱。要防范贝壳虫。

开花期：夏

浇水：（春 & 秋）2 周一次
　　　（夏 & 冬）一个月一次

难易度 🌵 🌵 🌵

鸾凤玉

Astrophytum myriostigma
原产地：墨西哥

拥有漂亮的星形外表，是这个属之中最强健且容易养育的品种。还有碧琉璃鸾凤玉通体绿色，无斑点。中心会开出大花。花色：黄色。

恩塚鸾凤玉

Astrophytum myriostigma cv.'Onzuka'
原产地：杂交品种

由恩塚勉氏创造出来的鸾凤玉的改良种。比鸾凤玉更白，天鹅绒状的表皮、密密麻麻的斑点和美丽的星形是其特征。属于容易养育的品种。花色：黄色。

兜

Astrophytum asterias
原产地：墨西哥、美国

收藏爱好者们的人气收藏品。扁球形、毛簇状的刺座和斑点的密度因个体而异。一般有 8~12 条棱，有的甚至有 13 条。花色：黄色。

69

四角鸾凤玉

Astrophytum myriostigma var. quadricostatum
原产地：墨西哥

鸾凤玉的变种。别名四方玉，有四条棱。工整简洁的外形是其魅力所在。三棱类型的又被称为三角鸾凤玉。花色：黄色。

般若

Astrophytum ornatum
原产地：墨西哥

原产地：有星类之中唯一有强刺的品种。特征是螺旋状的棱，根部容易木质化。要保持通风良好，防止根部腐烂。花色：黄色。

雪光属

Brasillicactus ｜ 可以欣赏长时间的开花

柔软的白刺和鲜艳的花色之间
形成了美妙的对比！

　　中心部分开出很多橙色或者黄绿色的花朵，作为观花类仙人掌非常受欢迎。通常仙人掌开的花能维持到 1~5 天，而这个属的花却能维持 1~2 周时间。不长出仔球，一般采用播种法来进行繁殖。推荐大家用大株的雪光来作为组合盆栽的标志。

生长期：3~6 月、9~11 月

习性与栽培方法：容易养育，但对闷热和低温的抵抗力弱。夏天应保持通风良好，遮光处理。炎夏和严冬时会停止生长。

开花期：（春＆秋）2 周一次

　　　　（夏＆冬）一个月一次

难易度：🌵🌵🌵

雪光

Brasillicactus haselbergii
原产地：巴西

3~5mm 的白色软刺与花色形成美妙对比的品种。另外还有开黄绿色花的黄雪光。花色：橙色。

顶花球属

Coryphantha ｜ 拥有变化多端的疣突和刺座

圆鼓鼓的疣突上长着软绵绵的
白色绵毛

　　这个仙人掌品种外表不怎么华丽，但有着巨大的球形身体和气泡一样可爱的疣突。刺比较硬，生长发育迟缓。长大以后花座会长出软绵绵的绵毛，球顶部会长出花蕾。有时会结出种子，但不会簇生。

生长期：3~10 月

习性与栽培方法：习性标准。浇水时不要让水直接接触到毛，能保持毛的美观。过度干燥会容易产生螨虫。

开花期：5~7 月

浇水：（春＆秋）2 周一次

　　　（夏＆冬）一个月一次

难易度：🌵🌵🌵

象牙球

Coryphantha greenwoodii
原产地：墨西哥

拥有淡淡的青绿色表皮，在疣突的凹陷处长出很多绵毛。习性强健且容易养育，能开出大花。花色：黄色。

狮子奋迅

Coryphantha cornifera

原产地：墨西哥

稍微呈菱形的疣突表面有光泽，生长点附近的新刺是黑色的，长大以后会变化成银色。花色：黄色。

天轮柱属

Cereus ｜ 夜晚开花的柱形仙人掌

矗立在沙漠中的姿态才是仙人掌本来给人的印象。

　　金狮子是高个子柱形仙人掌的同伴。原产地在南美，日本从古代就已经引进栽培。生长起来能长到直径 10cm 左右，产生分支进行簇生。在植物园里有展示，柱形仙人掌有许多种类属于这个属。夏日夜里，刺座的上花茎会发育，开出白色到粉色的直径约达 10cm 的大花，并有怡人香味，但天亮前就会枯萎。

生长期：3~10 月

习性与栽培方法：强健且容易养育。耐寒，习惯以后在关东以西地方可以放在屋外过冬。生长期时给予充足的水分能加速生长。

开花期：7~8 月

浇水：（春＆秋）2 周一次

　　（夏＆冬）一个月一次

难易度：🌵🌵🌵

金狮子

Cereus variabillis f.monst

原产地：阿根廷

仙人掌"神代"的缀化品种，刺色为黄色。原种属于大型种，体径可达 10cm 左右。制作聚集式盆栽时作为装饰植物来使用。花色：白色。

牙买加天轮柱

Cereus Jamacaru

原产地：阿根廷

表皮呈青绿色，生长发育早。单株种植也很好看，但也有作为组合盆栽的标志来使用。另外还有改良过的无刺品种。花色：白。

恐龙角

Cereus azureus

原产地：阿根廷

表皮是带有白色的青色。生长发育比天轮柱要慢，长大需要一定的时间。金色的强刺是其特征。花色：白。

金琥属

Echinocactus ｜ 很有威严的球形仙人掌

墨西哥产的仙人掌的代表，大型仙人掌的中心属

有很多大型的种类，属于球形仙人掌一员。刺大且十分锐利，花座密生绵毛，又大又好看，开出来的花也十分漂亮。代表种类除金琥之外，还有弁庆、太平丸、大龙冠、有着青白色皮肤的岩和长着又大又长的黑褐色刺的春雷等品种。

生长期：3~10 月

习性与栽培方法：强健且容易养育。放在阳光充足的地方能使身上的刺保持美丽。冬天时断水的话会长出花朵。

开花期：春

浇水：（春＆秋）2 周一次

　　　（夏＆冬）一个月一次

难易度：🌵 🌵 🌵

金琥

Echinocactus grusonii
原产地：墨西哥

球形仙人掌的代表品种，常在植物园中能看得到。强健且容易养育，体径要达到 30cm 左右才开花。花色：黄色。

鹿角柱属

Echinocereus ｜ 种类丰富且花形美丽的强健品种

小小的身体开出大大的花，体型多样

又被通称为虾形仙人掌的属。体型不大，但开出的花又大又美丽，因此在花类仙人掌之中很受欢迎。这个属有很多种类，约 200 个。从柱状到圆筒形和球形的形态都有，有钩刺弯刺、单刺和无刺等各种形态。代表种有宇宙殿、金龙和明石丸等。

生长期：3~11 月

习性与栽培方法：习性强健。一年到头要有充足的阳光和保持通风。特别是冬季一定要阳光充足，断水到几乎快枯萎时会开花。

开花期：春

浇水：（春＆秋）2 周一次

　　　（夏＆冬）一个月一次

难易度：🌵 🌵 🌵

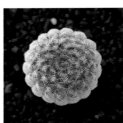

太阳

Echinocereus rigidissimus
原产地：墨西哥、美国

小小的柱状和柔软的短刺是其特征。生长点附近的刺呈紫色，当这个颜色特别强烈时又被称为红太阳。花色：粉色。

多棱球属

Echinofossulocactus │ 波浪形弯曲的棱极具个性

冷却身体、光合作用旺盛，美丽的细棱非常发达

身体上长着细细的呈波浪形的棱，刺稍硬，拥有令人印象深刻的结构。通过众多的棱来扩大表面积，从而使光合作用旺盛。棱还可以制造影子，起到冷却体温的效果，故又被称为冷却仙人掌。一般体型属于小型，刚开始时是球形，随着慢慢生长发育变成圆筒形。代表品种有缩玉、龙剑丸和剑恋玉等。花朵又大又漂亮富有魅力。

生长期：3~10 月

习性与栽培方法：幼苗生长快，长大之后逐渐缓慢。耐寒耐暖，喜欢阳光，但要注意灼伤。不断水可以保持刺和体型的美观。

浇水：（春 & 秋）2 周一次

　　　（夏 & 冬）一个月一次

难易度：🌵 🌵 🌵

千波万波

Echinofossulocactus muluticostatus alba
原产地：墨西哥

多棱球属中最多棱的品种，且棱很细。体色是淡绿色，刺比多棱玉要多而且小，给人一种芊芊女子的气氛。花色：白色。

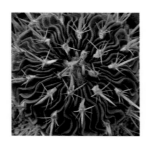

多棱玉

Echinofossulocactus muluticostatus
原产地：墨西哥

红色的锐刺和稍稍呈深绿色的体色形成了美妙的对比，是多棱球属的代表品种之一。花色：白色，中央呈紫色。

仙人球属

Echinopsis ┃长着美丽喇叭状花朵的强健仙人掌

可以作为砧木使用的强健一属，
只要避开霜冻就可以放在屋外养育

　　又被称为海胆仙人掌，是非常强健的球形仙人掌。耐寒，在日本也可以看到有人把它们放在屋外栽培。以作为砧木使用的短毛球为首，有长盛球、花盛球和世界图等众多种和品种。到了夏天时会长出盖着灰溜溜的毛的花蕾，接下来会开出喇叭状的美丽重瓣花朵。根据品种不同，有的花只开一晚，也有的能持续开 2 天。

生长期：3~10 月
习性与栽培方法：耐寒耐热，强健且容易养育。喜欢微湿，加入肥料之后常会簇生。关东以西地方可以放在屋檐下过冬。
开花期：夏
浇水：（春 & 秋）2 周一次 　　　（夏 & 冬）一个月一次
难易度：🌵 🌵 🌵

金盛球

Echinopsis calochlora
原产地：阿根廷

强健且容易养育的人气品种。浅葱色的表皮和黄色的细刺十分好看。可以用来制作活泼氛围的组合盆栽。花色：白。

短毛球

Echinopsis eyriesii
原产地：阿根廷

体径10cm、高20cm以上的强健品种。长有黑色的短刺，在根部长出幼株。大株的短毛丸常被用作组合盆栽的标志。花色：白。

大豪丸

Echinopsis subdenudata
原产地：阿根廷

有着像垫子一样的质感，刺极少且短。柔软的绵毛与深绿色的体色互相映照。花色：淡粉。

老乐柱属

Espostoa | 白色的毛可以保护身体免遭强光照射

软绵绵的毛十分可爱，是制作小型仙人掌组合盆栽的必备品种

　　身体被大量白毛包裹着，属于柱形仙人掌的一员。按照种类不同，有的身上的毛是卷着的，有的则是直直生长的，也有的在毛之间长出细细的长刺。白毛可以保护身体免受冬天的寒气侵袭，夏天还起到避免被阳光直射的作用。简直就像从动画《Moomin》里面跑出来的角色"小灵精"一样有趣。

生长期：3~10 月	
习性与栽培方法：不耐闷热，炎夏时要放在通风的地方。耐寒，冬天时也可以放在屋内。浇水时注意不要直接浇到毛上面。	
开花期：3~10 月	
浇水：（春 & 秋）2 周一次	
（夏 & 冬）一个月一次	
难易度：🌵 🌵 🌵	

幻乐

Espostoa melanostele
原产地：秘鲁

全身被白毛严密包裹着，一副很臃肿的可爱样子，是毛柱类的有名品种。植株老了以后会长出黄色的刺。花色：白。

白乐翁

Espostoa ritteri
原产地：秘鲁

特征是拥有乱发一样的长毛，透过毛可以看到绿色的植株。与太平乐一样，生长点附近的毛稍微呈黄色。花色：白。

太平乐

Espostoa superda
原产地：秘鲁

毛不像幻乐那样密集生长，而且直直的。生长点附近的毛稍微呈黄色。刺有点硬，要注意。花色：白。

月世界属

Epithelantha | 簇生株很可爱的小型仙人掌

身上被纤细的白刺完全覆盖的
小型仙人掌们

　　体型小且簇生的姿态非常可爱，有很多受欢迎的品种。白～白黄色的短刺密集长在身体上，接触到也不会痛。生长发育缓慢，可以好好地栽培。由于不耐闷热，在制作组合盆栽时不要种得太密集，要腾出一点空间。除了介绍中的品种之外，其他的还有魔法卵和鹤卵等。

生长期：3~11 月

习性与栽培方法：常照射阳光可以让刺和花座上的绵毛长得好看。夏天不耐闷热，过湿会徒长，因此要常年保持干爽。可以放在屋檐下过冬。

开花期：春

浇水：（春 & 秋）2 周一次

　　　（夏 & 冬）一个月一次

难易度：🌵🌵🌵

月世界

Epithelantha micromeris
原产地：墨西哥、美国

月世界属之中人气特别高的仙人掌。身体被短刺严密包裹着，生长点是淡淡的粉色。花色：粉色。

小人帽子

Epithelantha bokei
原产地：墨西哥、美国

像蘑菇一样的外表十分可爱，但特别不耐闷热，得注意。难长出仔球，春天时通过横切来促进簇生。花色：粉色。

乌月丸

Epithelantha ungnispina
原产地：墨西哥

强健且容易养育的品种，推荐给初次挑战月世界属的朋友们。与月世界相比嫦娥长着稍微长的刺。花色：粉色。

金晃属

Eriocactus ｜ 像线一样排列的细刺十分好看

稳健地从球形长成圆柱形，世界有名的强健仙人掌

　　原产于巴西南部的强健仙人掌。一开始是球形，随着慢慢生长变成圆柱形。生长发育快，簇生十分好看。刺座与刺座之间的间隔狭窄，细刺在棱上面连着生长是其特征。在组合盆栽中，圆柱形的可以作为背景使用，而簇生株则能增强特色。其中金晃最为有名，另外还有比金晃更大的金冠、金晃与金冠杂交出来的锦冠球等品种。

生长期：3~10 月

习性与栽培方法：非常强健且容易养育，生长发育早。喜欢日光，从早春到夏天给予充足的水分能使植株长得很好。

浇水：（春 & 秋）2 周一次

　　　（夏 & 冬）一个月一次

难易度：

金晃

Eriocactus leninghausii
原产地：巴西、巴拉圭

世界级受欢迎的品种。刺座与刺座之间的间隔狭窄，金色的细刺在棱上面连成一线。花色：黄色。

最近长出仔球的簇生株很有人气，到处看得到。在植株还小时进行横切就会长出仔球，然后长成好看的簇生株（横切方法请参考 P.47）。

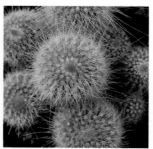

姫英冠玉
Eriocactus magnificus "caepsitosus"
原产地：巴西、巴拉圭

英冠玉的小型品种。体色比英冠玉更加绿，刺短且白是其特征。植株高 5cm 左右就会长出仔球。花色：黄色。

英冠玉
Eriocactus magnificus
原产地：巴西、巴拉圭

表皮淡青绿色，黄色的细刺，是个漂亮的品种。从 magnificus 这个学名中就可以体会到了。花色：黄色。

卧龙柱属
Eriocereus ｜ 夜晚开出漂亮的大花

作为砧木使用的强健的修长仙人掌

　　属于体形修长的柱形仙人掌一属。生长发育快，在原产地能长出分支呈灌木丛状扩张，依靠在岩石和树木上生长。直径 4cm 左右，再长大就得需要支撑。柱形仙人掌没有什么观赏价值，花数不多，夏夜里会开出大花。除了袖浦柱这个品种之外，还有巨锁龙。

袖浦柱
Eriocereus jusbertii
原产地：杂交种

作为砧木使用的强健品种。表皮深绿色，刺黑。刺虽然短但很坚硬，得注意。生长点附近的新的红刺也很好看。花色：白。

生长期：3~10 月

习性与栽培方法：耐寒耐热且容易养育。长大以后容易倒下，有必要使用支柱。喜欢一天照三四个小时阳光。

开花期：夏

浇水：（春＆秋）2 周一次

　　　（夏＆冬）一个月一次

难易度：🌵 🌵 🌵

强刺球属

Ferocactus | 特征是很有气势的大刺

巨大的球体上长着巨大的刺，扣人心弦的姿态令人神往

　　说到仙人掌毫无疑问会让人想起它们的刺！属名 *Ferocactus*，拉丁语的意思是"长有大刺"的意思。刺又大又有气势，很有魄力，被称为"强刺类"一属。长着这样子的强刺，可以保护自己免受动物和强光的伤害。单株可以从球形发育成圆筒形，直径也可以从15cm长到1m。比起生长发育，它们的刺更加发达，颜色有红色、黄色、紫色和褐色等，比花更加美丽。

生长期：3~10 月

习性与栽培方法：喜欢阳光充足且通风的地方，保持干燥栽培。冷热交替才能养出美丽的刺。夏天夜里，气温下降后是最为理想的条件。

开花期：夏

浇水：（春＆秋）2 周一次

　　　（夏＆冬）一个月一次

难易度：

文鸟玉

Ferocactus histrix
原产地：墨西哥

强刺类，拥有红色锐刺的仙人掌。仔球有疣突的凹凸处那么大，生长以后会长成球体。要防止仔球被灼伤。花色：黄白色。

半岛玉

Ferocactus peninsulae
原产地：墨西哥

体径达 50cm、高 2.5m 的大型品种。扁平的刺呈深红色，弯曲变成钩刺。花色：黄色。

裸萼球属

Gymnocalycium | 扁球形的工整外形是其魅力所在

有很多强健且容易养育的种类，漂亮的花儿不可错过！

　　最有名的品种是绯牡丹。既有面向收藏者的稀有品种，也有普通的品种，种类繁多。还有很多杂交种可供选择，让人眼花缭乱。常开花，刺座与刺座之间长着花蕾，能开出美丽的重瓣花朵，非常好看。有些品种的体色呈深绿色和紫色等，适用于制作稳重气氛的组合盆栽。浇水时不直接把水浇在身上能观赏到软绵绵的小小花座。

生长期：3~11 月

习性与栽培方法：一年到头都要进行遮光处理，浇水也要频繁。室内可以放在窗边养育，阳光不足时会长长，得注意。

开花期：春

浇水：（春 & 秋）10 天一次

　　（夏 & 冬）一个月一次

难易度：🌵 🌵 🌵

牡丹玉

Gymnocalycium mihanovichii var. friedrichii
原产地：阿根廷

全身的红褐色给人留以深刻印象的仙人掌。皮肤上的条纹很有魅力。能开出相对球体本身较大的漂亮花朵。花色：淡粉色。

绯牡丹

Gymnocalycium mihanovichii var. friedrichii "Hibotan"
原产地：栽培品种

日本的改良品种。海外又以 Hibotan 被人熟知。由于是全斑，因此须通过嫁接木才能生长。夏日时要防止灼伤。花色：粉色。

牡丹玉锦

Gymnocalycium mihanovichii var. friedrichii "Hibotan-Nisiki"
原产地：阿根廷

牡丹玉的斑锦品种。比普通的品种价格要高，很受欢迎。和牡丹玉一样，能开出重瓣的美丽花朵。花色：白~淡粉。

翠晃冠

Gymnocalycium anistisii
原产地：阿根廷

深绿色的皮肤和金色的强刺互相辉映。习性强健，对初学者来说也容易养育。
花色：白，重瓣。

绯花玉

Gymnocalycium baldianum
原产地：阿根廷

皮肤有深绿~红褐色。习性非常强健，可以放在屋外过冬。刺座上像笔头菜一样的花茎发育开出漂亮的花朵。
花色：红。

海王丸

Gymnocalycium denudatum cv. 'Kaiomaru'

原产地：阿根廷

胀鼓鼓的身体，海星般的金色刺像缠着球体一样生长。长大以后会变成扁平球状。花色：白，重瓣。

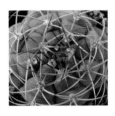

天紫丸

Gymnocalycium pflanzii var. albipulpa

原产地：阿根廷、玻利维亚

皮肤呈紫色，巨大的刺覆盖着身体生长。生长点的新刺呈深茶色，随后变化成白色。花色：白，重瓣。

白檀属

Chamaecereus ｜ 像绿色绒毯一样的极小簇生株

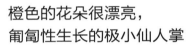

橙色的花朵很漂亮，
匍匐性生长的极小仙人掌

一属一种的仙人掌白檀。还有体色金黄的斑锦品种山吹和园艺种。直径只有 1cm 左右的极小仙人掌，覆盖着地面生长。常产生分支进行簇生，分支多得好像要从花盆中溢出来一样，犹如一张绿色的绒毯那么漂亮。作为漂亮的仙人掌其花朵也广为人知，在春天时开出比身体要大的花。对强光抵抗力弱，夏天时要遮光打理。另外，要避免罹患蚜虫。

生长期：4~10 月

习性与栽培方法：年内基本可以放在屋外栽培。冬天寒冷时断水直到植株出现皱纹，来年春天常常会开花。

开花期：春

浇水：（春＆秋）10 天一次

　　　（夏＆冬）一个月一次

难易度：🌵🌵🌵

白檀

Chamaecereus silvestrii

原产地：阿根廷

强健且生长发育快，常通过扦插繁殖。刺柔软，对初学者来说是比较容易打理的品种。花色：橙色。

鸡冠柱属

Lophocereus | 代表墨西哥的柱形仙人掌

凭其带有白色的美丽肤色与滑稽的外形而被人喜爱

　　鸡冠柱属属于一属一种，只有上帝阁和其品种福禄寿。原产地是墨西哥和美国，在当地一般长成大树状。由于给人很深刻的印象，因此可以单株种植，也可以作为大型组合盆栽的标志来使用。上帝阁和福绿寿都属于生长发育迟缓的类型，推荐给想慢慢养育的朋友们。

生长期：4~10月	
习性与栽培方法：强健且容易养育。喜欢阳光，平时要放在阳光充足、通风良好的地方。	
开花期：春~夏	
开花期：春~夏	
难易度：🌵🌵🌵	

福禄寿

Lophocereus schotti "inermis"
原产地：墨西哥

独特外形的上帝阁的石化品种。无刺，棱无规则，排列着不规则的大小不一的疣突。不开花，因此一般通过扦插或者横切繁殖。

上帝阁

Lophocereus schotti
原产地：墨西哥

凹凸有致的棱，质感像垫子，带有粉状白色的青绿色表皮，是个美丽的品种。大植株的干部长着刚毛状的长刺。花色：白。

乌羽玉属
Lophophora | 柔软无刺的扁球体

外表有点难看，不过像可爱大福饼一样的柔软质感是其魅力所在

　　完全无刺，特征是柔软的皮肤质感。从刺座中长出束状绒毛，中心部分的花座被毛覆盖着。

　　花的直径 2cm 左右大。当球体长大到某个程度时根部就会长出仔球，从而进行簇生。球体内含有迷幻作用的墨斯卡灵等成分，阿兹特克时期有着作为祭品供奉给太阳神和其块茎被用作食用的历史。生长发育慢。一边观赏的它们的花儿一边耐心栽培吧。

生长期：4~10 月	
习性与栽培方法：习性强健。浇水时不浇到毛上面而是浇在根部，能使毛保持软绵绵的状态。夏天要遮光打理。	
开花期：4~9 月	
浇水：（春＆秋）2 周一次	
（夏＆冬）一个月一次	
难易度：🌵🌵 🌵	

翠冠玉

Lophophora williamsii
原产地：墨西哥

生长比乌羽玉快，拥有鲜艳的绿色皮肤和软棉花糖一样的触感。不自行授粉。花色：白。

乌羽玉

Lophophora diffusa
原产地：墨西哥、美国

青蓝色的表皮稍稍有点硬，生长发育慢。有的乌羽玉会在根部长出仔球。自行授粉，长出粉色的种子。花色：淡粉。

乳突球属

Mammillaria | 品种多样，适合初学者

适用于制作小型组合盆栽，有很多可爱品种

　　夏天时只要注意保持通风良好就能长得非常健康的容易栽培的一个属。有非常多的品种，单是乳突球属就有很多很棒的收藏品种。尺寸由小型～中型，但多数为小型种。生长发育快，容易簇生，观察着它们成长也是一件赏心乐事。花虽然小，但有很多种类，身体上方开出的粽子状的花朵十分可爱。开花期在冬天～春天，能为鲜花不多的季节添加一份色彩。

乳突球属① | 细长型并向上生长，常簇生（中型种）

生长期：2~6月、9~11月	
习性与栽培方法：对夏天的闷热抵抗力弱，应放在通风良好的地方。耐寒，生长发育快。长成柱状以后会从根部长出仔球进行簇生。	
开花期：冬	
浇水：（春＆秋）10日一次	
（夏＆冬）一个月一次	
难易度：	

黄金丸

Mammillaria elongata var. echinata
原产地：墨西哥

绿色的体色搭配黄金色的刺营造一种活泼的气氛。取出从根部长出的仔球之后2~3周就会发根。
花色：白～乳白色。

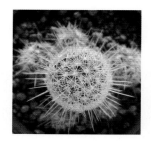

黄金司

Mammillaria elongata var.
原产地：墨西哥

长长的弯刺严密覆盖着淡绿色的植株。虽然与金手球是同一品种，但黄金司的刺呈淡橙色。花色：白～乳白色。

白星山

Mammillaria sphacelata

原产地：墨西哥

白色的短刺长在疣突的顶端，显得十分显眼，与绿色的体色形成美妙的对比。生长点附近的红刺也很好看。花色：白~乳白色。

金筒球

Mammillaria elongata

原产地：墨西哥

一条条细长生长着的姿态让人印象深刻。密集生长的刺呈红色，因为是弯刺，所以碰到了也不会疼。花色：白~乳白色。

粉宁芙

Mammillaria microhelia cv. 'Pink Nymph'

原产地：墨西哥

朝雾和黄金丸杂交得来的长圆筒形的品种。弯刺之间伸出直直的、紫红色的刺。花色：有光泽的粉色。

金筒球缀化

Mammillaria elongata f.monst

原产地：墨西哥

金手球的缀化种。想制作极端一点的组合盆栽时加入它能使整体形象更具冲击力。花色：白~乳白色。

乳突球属② | 小型种常长出仔球

生长期：2~6月、9~11月

习性与栽培方法：属于小型种，耐寒耐热，容易栽培。不需要特别进行遮光打理。常长出仔球，取下来以后会发根。

开花期：冬

浇水：（春＆秋）10日一次

　　（夏＆冬）一个月一次

难易度：🌵🌵🌵

明日香姬

Mammillaria gracilis cv. 'Arizona Snowcap'
原产地：杂交品种

银手指的园艺种。属于多毛类型，从刺座长出白色的绵毛。生长发育迟缓，可以好好地耐心栽培。

银手指

Mammillaria gracilis
原产地：墨西哥

生长发育快的强健品种。圆筒形的植株会长出很多仔球，然后纷纷掉落，可以繁殖。花色：白~乳白色。

乳突球属③ | 弯曲刺类型，刺很细

生长期：2~6月、9~11月

习性与栽培方法：对夏天的闷热抵抗力特别弱。夏季时应放在阳光充足且通风良好的地方打理。体质柔弱，容易生病或根部腐烂。

开花期：冬

浇水：（春＆秋）10日一次

　　（夏＆冬）一个月一次

难易度：🌵🌵🌵

白鸟

Mammillaria herrerae
原产地：墨西哥

难长出仔球，要簇生得通过横切繁殖。不耐闷热，在组合盆栽中使用时植株之间应腾出一定空间。花色：白色中带有粉色的纹路。

沙堡疣

Mammillaria saboae
原产地：墨西哥

小型品种，虽然生长发育迟缓，但能长成群生株。不耐闷热，夏天时要注意。能开出相对体型来说较大的花。花：深粉色。

明星

Mammillaria schiedeana
原产地：墨西哥

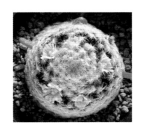

细细的黄刺和馒头一样的外形，是个可爱的品种。自行授粉，开花后结出红色种子。花：白色。

姬春星

Mammillaria humboldtii var. caespitosa
原产地：墨西哥

身体被白色弯曲刺覆盖着的品种。经常长出仔球，要是擅长栽培便能长成很好看的簇生株，乳突球属中很受欢迎。花色：深粉色。

乳突球属④｜长着长毛的球形

生长期：2~6月、9~11月	
习性与栽培方法：强健，不耐闷热，耐寒且容易养育。浇水不要浇到身上，能保持毛的美观。	
开花期：冬	
浇水：（春＆秋）10日一次	
（夏＆冬）一个月一次	
难易度：	🌵 🌵 🌵

玉翁殿

Mammillaria hahniana f. lanata
原产地：墨西哥

毛长得很浓密，从疣突旁边长出丝一样的白色有光泽的长毛。长大以后根部会长出仔球。花色：粉色。

玉翁

Mammillaria hahniana
原产地：墨西哥

单株直径能达 7~10cm。身体被稍长的白毛覆盖，从球形长成圆筒形。小花呈花环状盛开。花色：粉色。

小惑星

Mammillaria glassii var. ascensionis
原产地：墨西哥

长着软绵绵的白毛和红色的刺，是个
美丽的品种。花数虽然不多，但带有
光泽，十分漂亮。不耐闷热，得注意。
花色：淡粉色。

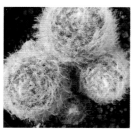

高砂

Mammillaria bocasana
原产地：墨西哥

绿色的植株被白色的毛覆盖着，长
有钩状的刺。小花呈花环状开放。
对夏天的闷热抵抗力弱，得注意。
花色：鲑鱼粉。

乳突球属⑤｜球形，能长得很大，然后簇生

生长期：2~6月、9~11月	
习性与栽培方法：习性强健，耐寒耐热。宜放在阳光充足且通风良好的地方。可以作为观花类仙人掌以供观赏。	
开花期：冬	
浇水：（春＆秋）10日一次	
（夏＆冬）一个月一次	
难易度：🌵🌵🌵	

月影丸

Mammillaria zeilmanniana
原产地：墨西哥

乳突球属的代表品种之一。生长发
育快，属于容易养育的品种。刺呈
钩状，体型还小的就能开花。花色：
粉色。

影清

Mammillaria semperviv i v.capt-medusae
原产地：墨西哥

一目了然的疣突和黑色的短刺给人留下深刻的印象。继续生长疣突旁边就会长出绵毛。花色：粉色中带有深粉色的纹路。

金洋丸

Mammillaria marksiana
原产地：墨西哥

强健，容易栽培的一流品种。鲜绿色的体色特别引人注目。能开出乳突球属中罕见的黄色花。花色：黄色。

月宫殿

Mammillaria senilis
原产地：墨西哥

软绵绵的白毛、圆圆的外形十分可爱，却长着钩状的强刺，要注意。生长发育晚，开花期是春天。花色：红色。

望月

Mammillaria ortiz-rubiona
原产地：墨西哥

美丽的球体上密集生长着白色的强刺。当直径达到10~12cm时会长出仔球。开花期是春天。花色：淡粉色。

敷岛

Rettigiana
原产地：墨西哥

坚硬的短刺再加上细绵毛的姿态犹
如涂上了一层粉砂糖一样。体型由
球形～圆筒形，长出仔球进行群生。
花色：粉色。

白珠丸

Mammillaria geminispina 'nivea'
原产地：墨西哥

突起的白色锐利中刺给人印象十分
深刻。身体呈短圆筒形，根部地方
会长出仔球进行簇生。花朵在顶部
呈环状开放。花色：深粉红色。

满月

Mammillaria candida var. rosea
原产地：墨西哥

满月之中生长点呈粉色的品种叫樱
月，非常受欢迎。当长成圆筒形的
时候就会长出仔球。花色：粉色。

希望丸

Mammillaria albilanata
原产地：墨西哥

刺比敷岛的还要细，绵毛更加密，
给人一种柔软的印象。制作以白色
为主题的组合盆栽时作为主角使用。
花色：粉色。

内裏玉

Mammillaria dealbata
原产地：墨西哥

根部瘦小，感觉有点头大脚小的仙
人掌。刺硬，尖端呈黑色，一股劲
地向上生长。花色：粉色。

丰明丸

Mammillaria bombycina
原产地：墨西哥

细长的红色钩状刺十分发达的品种。
生长起来呈球形，再长大一点呈圆
筒形。植株小的时候也能开花。花色：
粉色。

Subducta

Mammillaria laui var.subducta
原产地：墨西哥

植株还是幼株时也能开花，用在小
型组合盆栽时能使盆栽更具特色。
刺只要稍微受到一点擦碰就会掉落，
得注意。花色：粉色。

嘉纹丸

Mammillaria carmenae
原产地：墨西哥

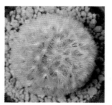

植株上覆盖着的黄色软刺给人深刻印象，是个人气品种。直径长到5~6cm时就会长出仔球，还有红色刺或红色花的选育品种。花色：白。

梦幻城

Mammillaria bacareliensis cv.'Erusamu'
原产地：杂交品种

疣突呈圆锥状且凹凸感强，花座与花座之间长有长绵毛，让人印象深刻。强健，对初学者来说也容易栽培。

艳珠球

Mammillaria spinosissima cv.'Pico'
原产地：杂交品种

白色的长刺最吸引人，与绿色的体色形成美妙对比的人气品种。植株上方的小花呈花环状盛开。花色：深粉色。

龙神柱属

Mytrillocactus ｜简单的外形很漂亮

直直向上生长的仙人掌最适合作组合盆栽的背景

在原产地能长得很大的柱形仙人掌的代表种。向着天直直生长的姿态让人不禁联想起仙人掌的故乡，干燥的大地风景。生长发育早，丛生长大。刺不怎么强，容易处理。制作大型的组合盆栽时常被当作背景使用。除了龙神木和福禄龙神木两个品种之外，还有仙人阁。

生长期：3~10 月	
习性与栽培方法：习性强健且容易栽培。阳光充足能保持茎干的强壮。阳光不足时会变得瘦弱易倒。	
开花期：夏	
浇水：（春 & 秋）2 周一次	
（夏 & 冬）一个月一次	
难易度：	

福禄龙神木

Myrtillocactus geometrizans cv. "Fukurokuryuzinboku"

原产地：墨西哥

龙神木的栽培品种。棱变成疣突状，凹凸感强。滑稽的外形绝对能吸引人的眼球。花：白色。

龙神木

Myrtillocactus geometrizans

原产地：墨西哥

青色表皮上带有白粉色。特征是长有短短的强刺，生长点处有红茶色的刺长出来。属于人气品种，作为砧木使用。花色：白色。

南国玉属

Notocactus | 长着大花的流行球形仙人掌

色彩鲜艳的大花以及沉甸甸的球形是其魅力所在

　　单株可长得很大，在春季的园艺店里面作为花类仙人掌是很受欢迎的一个属。球体上长着被白毛覆盖着的大花蕾，一次会开出几朵大花并持续开放数天。大花几乎把球状身体给覆盖住，观赏性很高。身上的刺也个性感十足，有白刺、红刺以及扁平刺等多种多样。冬季保证充足的日照时植株会长出健康的花芽，继而开出大花。花谢后施加礼肥有利于明年开花。

成长期：3~10 月
性质与养育方法：耐寒，容易养育，喜欢日照充足的环境。在植株还小的时候如果过度抑制浇水会导致球体瘪下去。
开花期：春
浇水：（春＆秋）2 周一次
（秋＆冬）一个月一次
难易度：

小町

Notocactus scopa
原产地：巴西

全身长满又细又柔软的白刺，属于中型的球形仙人掌。白色刺长得稍微更长一点的类型被称为白闪小町。花色：黄色。

青王丸

Notocactus ottonis
原产地：巴西

深绿色的肤色与茶褐色的细刺非常有魅力。刚开始生长时呈球形，慢慢长大以后呈圆筒形。根部地方会长出很多仔球。花色：黄色。

红小町

Notocactus scopa 'ruberrimus'
原产地：巴西

属于小町的变种，体型比原种稍大，开花数较多。白色的细刺中混有红刺，使整体看上去带有一点红色的味道。花色：黄色。

仙人掌属

Opuntia ｜连着扇状茎生长

兔耳朵一样的茎非常可爱，生长发育快的人气品种

　　有小型～大型种，又被认为是日本第一种引进的仙人掌。在进化过程中，处于叶子仙人掌之后，为了增大表面积，茎延展为掌状。钩毛短且细，看上去有点柔软，但若是用手触碰会被刺伤，产生刺痛，得注意。生长发育快，椭圆形的扁平的茎节重叠在一起。水分不足时身体容易倒下，加个支柱然后浇水就会恢复。

生长期：3~11月
习性与栽培方法：耐寒，是可以放在屋檐下过冬的品种。要注意易罹患蚧壳虫。阳光不足时会徒长，如果长时间不浇水，小耳朵容易倒下。
浇水：（春＆秋）2周一次
（夏＆冬）一个月一次
难易度：🌵 🌵 🌵

象牙团扇

Opuntia microdasys v.albispina
原产地：墨西哥

白色的钩毛十分可爱，是仙人掌属中最受欢迎的品种。在组合盆栽中与球形仙人掌搭配能使盆栽更具特色。花色：黄色。

金乌帽子

Opuntia microdasys v.pallida
原产地：墨西哥

象牙团扇的黄色钩毛版本。体型小，黄绿色的皮肤上长着细刺。植株小也能长出仔球并繁殖。花色：黄色。

墨乌帽子

Opuntina rubescens
原产地：墨西哥

有点发黑的绿色。像柱形仙人掌一样生长，生长发育需要足够的阳光。有时长出仔球后就枯萎。花色：黄色。

仔吹红乌帽子

Opuntia microdasys v.rufida minor
原产地：墨西哥

茎长得比象牙团扇的更细长，刺呈红茶色。一个节上可以长出很多分枝进行簇生。花色：黄色。

矮疣球属

Ortegocactus ｜ 一属一种的个性派仙人掌

淡绿色的皮肤十分好看，有点精致的仙人掌

　　一属一种的仙人掌，帝王龙就是这个属的。疣突稍微有点不规则，有点白色的淡绿色表皮上长着的小绵毛和黑色短刺很突出。生长点附近有点红的嫩刺也很漂亮。在根部长出仔球，虽然会簇生，但随着生长发育，表皮上有时会出现红色的斑点。这个属的仙人掌既要保持好看的体色又要维持生长稍微有点难度。

生长期：3~11 月
习性与栽培方法：不耐闷热，难栽培的品种。比起扦插繁殖，播种法长得更加健康。
开花期：春
浇水：（春＆秋）2 周一次
（夏＆冬）一个月一次
难易度：🌵🌵🌵

帝王龙

Ortegocactus macdougalii
原产地：墨西哥

小型种，淡绿色的植株上长着黑色的短刺，再加上软绵绵的绵毛，其富有个性的姿态显得很有魅力。会长出很多仔球进行群生。花色：黄色。

子孙球属

Rebutia | 开出美丽小花的小型种仙人掌

从身体侧边不断长出的大花非常漂亮

　　长着又圆又细密集的刺，作为球形仙人掌自古以来就很有人气。体型虽小，但能长出非常大的花朵来供人观赏。颜色有红色、黄色、橙色和粉色等，多彩多样。大多种类的刺都很柔软，碰到了也不会疼，这也是它们的特征。因为是小型种，因此生长发育较慢，长出仔球进行群生。

生长期：3~11 月
习性与栽培方法：耐寒，不耐闷热。开花后放在通风良好的地方休养，加入肥料则会开出更多的花。
开花期：春
浇水：（春＆秋）2 周一次 　　　（夏＆冬）一个月一次
难易度：🌵 🌵 🌵

宝山

Rebutia minuscula
原产地：阿根廷

群生的品种。深绿色的表皮与白色的细刺、红色的小花形成了美妙的对比。身体容易长得柔软，因此要保持阳光充足。花色：红色。

美宝丸

Rebutia senilis
原产地：阿根廷

白色柔软的刺十分漂亮。花不仅开在顶端，在身体侧边也会盛开。那美丽的花儿绝不能错过。花色：橙色。

菊水属

Strombocactus ｜ 慢慢生长的有情趣的仙人掌

凹凸不平的疣突和白色的刺，要在极干燥的条件下栽培，严禁过度保护！

　　原产墨西哥的单种属，菊水就属于这属。在原产地附在极干燥地带的岩石地区生长。水分过多时会使植株脱离本来的姿态，因此有必要注意。应保持干燥以保持它扁平的海胆一样的形状。生长点附近长有稍微细长的白刺，不过会随着生长而脱落。

生长期：3~11 月
习性与栽培方法：喜欢阳光。浇水过多会导致徒长，失去其原有特征，因此要防止土壤过湿。
开花期：春
浇水：（春＆秋）2 周一次
（夏＆冬）一个月一次
难易度：🌵🌵🌵

菊水

Storombocactus disciformis
原产地：墨西哥

螺旋状生长的岩石一样的疣突，特征是中心部分有白刺。能开出相对体型来说较大的花朵。生长发育迟缓。花色：淡黄色。

纸刺属

Tephrocactus ｜ 球形的茎节重叠的团扇仙人掌

尖锐的刺与卵形的茎重叠，滑稽的外表很吸引人

　　进化过程中，处于叶子仙人掌和团扇仙人掌之间。茎节有球形~长卵形，特征是茎节容易脱落。在原产地，被动物等接触到以后仔球会掉落，从而繁殖成新植株。长长的锐刺虽然很好看，但也有类似仙人掌属那样的钩毛，注意不要用手触碰。

生长期：3~11 月
习性与栽培方法：生长发育迟，习性强健，应放在阳光下慢慢栽培。根部容易木质化，但不影响生长。
开花期：夏
浇水：（春＆秋）2 周一次
（夏＆冬）一个月一次
难易度：🌵🌵🌵

武蔵野

Tephrocactus articulatus
原产地：阿根廷

青白色的体色让人印象深刻的仙人掌。刺呈半透明且扁平，特点是很长。茎节呈长卵形。花色：黄色。

瘤玉属

Thelocactus ｜ 多彩的刺和花

很有气势的强刺和近乎夸张的大花十分漂亮

　　这个属有很多种类，刺和球形的类型也非常多。很多种类都长着尖锐的直刺，刺色有红色、黑色和白色等。花朵又大又漂亮，花色十分丰富。从球形发育成圆筒形，不长出仔球，因此一般通过播种繁殖。强刺品种的大株仙人掌单株种植很有气势，很好看，但小株也能用在组合盆栽上。在组合盆栽中加入红刺的仙人掌，能使整个盆栽营造一种华丽的氛围。

生长期：3~11月
习性与栽培方法：烈日能保持刺的美丽。夏天的闷热会使它腐烂，因此有必要保持适度的通风。要注意赤霉病。
开花期：春~夏
浇水：（春＆秋）2周一次
（夏＆冬）一个月一次
难易度：🌵🌵🌵

大统领

Thelocactus bicolor
原产地：美国、墨西哥

特征是又长又尖锐的刺，从红色到白色的渐变非常漂亮。成株的姿态十分有气势，正如其大统领的名字一样。花色：粉色。

红鹰

Thelocactus heterochromus
原产地：墨西哥

又被称为多色玉，强健且很有人气的仙人掌。刺大而且扁平，从白色渐变成红色。花色：深粉色。

太白丸

Thelocactus macdowellii
原产地：墨西哥

细长的刺有光泽，像丝一样好看。
单株种植时，随着发育会会长出仔
球进行群生。体型从球形长成圆筒
形。花色：粉色。

尤伯球属
Uebermannia ｜ 新发现的稀少品种

像马的鬃毛一样的刺很好看，
有点极端的个性派仙人掌

尤伯球属是 1966 年瑞士人尤伯氏发现
的新属。特征是粗糙的表皮和棱脊上排列
着无数的刺。

代表种有栉刺尤伯球，另外还有树胶尤
伯球和贝氏尤伯球等种类，本属有好几个
种，多个亚种。单株种植不会长出仔球，
通过播种繁殖。

生长期：4~10 月
习性与栽培方法：不怎么耐寒。属于容易
受伤的仙人掌，处理时要小心。喜欢阳光，
空气中的湿度要稍微高点。
开花期：夏
浇水：（春＆秋）2 周一次
（夏＆冬）一个月一次
难易度：🌵🌵🌵

栉刺尤伯球

Uebermannia pectinifera
原产地：巴西

红茶色的植株上有规则地排列着
黑色的刺。其富有个性的姿态一
度成为众人向往的稀少品种。夏
天会开出小花。花色：黄色。

仙人掌迷你图鉴索引

仙人掌迷你图鉴（p.68~p.102）中介绍过的品种名字的索引

🌿 **迷你图鉴数据的使用方法**

生长期：就是各种仙人掌生长发育特别旺盛的时期。反过来说，也有不生长的休眠期，详情请参考 p.28。

习性与栽培方法：对各个品种的特征和栽培方法进行解说。

浇水：根据生长期和休眠期不同，浇水的次数也不同，本书中有记录次数的基准。有的品种需要多浇水，也有的品种需要微量调节气温与空气的干湿度。

难易度：用仙人掌印划分 3 个级别来表现难易度，①……容易栽培；②……一般易养；③……困难。

开花期：记录开花的时期。花色等特征也在本书中有所记载。

享受把仙人掌种在各种各样的
容器里所带来的乐趣吧！

掉漆的碗或者烟灰缸、用完的化妆品瓶子……那些已经没有用的日常用品，
都能摇身一变成为小仙人掌的花盆。那么，不妨翻一下沉睡在柜子和抽屉
里面那些没用的东西吧！说不定找到它们的新用途——作为组合盆栽的花盆。

Ashtray
使用到的仙人掌

短毛球〇夹子类型的烟灰缸刚好
能容纳已长出仔球的短毛球，简
捷好看。根部塞入叶子纤维以固
定植株，同时也能提升美观度。
容器尺寸：直径 63mm × 高 55mm

Ashtray
使用到的仙人掌

左上开始顺时针数起：幻乐／丝
苇属／海王星／翠晃冠／海王星
〇在 100 日元店里买回来的塑料
烟灰缸。再加上老旧的电气部件
能营造一种废旧品的氛围。容器
尺寸：长 110mm × 宽 88mm ×
高 50mm

Schale
使用到的仙人掌

右上开始顺时针数起：琉璃晃 / 兜 / 琉璃晃〇营造一种理科室中的研究植物一样的气氛。与古老的螺丝钉和电子零件一起放进去的小船是铁丝造型家Uraimayui 先生的作品。

容器尺寸：直径 90mm× 高 20mm

Measure cup
使用到的仙人掌

右上开始顺时针数起：金洋丸 / 金晃 / 金洋丸〇加入吉他手人偶和小汽车，一个小型的组合盆栽就这样完成了。红色的刻度数字也是一个亮点。容器尺寸：直径110mm× 高 70mm

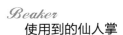

Beaker
使用到的仙人掌

右上开始顺时针数起：铜绿麒麟 / 小玉 / 八千代 / 银手指 / 兜 / 十二卷 / 桃太郎〇使用高的容器时，宜采用桃太郎等个子高的品种来保持平衡。

Iron junk
使用到的仙人掌

白桃扇（右）/ 兜（左）〇打入了一
颗螺丝的用途不明的零件。在底部
和侧面铺上小铁网，再垫上布子，
这样就变成了一个小小的花盆。因
为泥土量少，容易干燥，因此得注意。
容器尺寸：长 40mm× 宽 20mm×
高 35mm

Iron junk
使用到的仙人掌

右上开始顺时针数起：龙神木 / 舞
乙女 / 缩玉 / 象牙团扇 / 黑法师〇
掉出来的镜头和手柄分外引人注
目。废旧的气氛与龙神木和象牙团
扇十分匹配。
容器尺寸：长 80mm× 宽 90mm×
高 180mm

Bolt
使用到的仙人掌

桃太郎（右）/ 短毛球（左）〇老旧
的螺帽浅浅镶嵌在螺丝上，形成了
一个能够种入小仙人掌的小穴。种
完以后加入叶子纤维以固定植株。
容器尺寸：小 / 直径 10mm× 高
40mm，大 / 直径 17mm×65mm

Iron junk
使用到的仙人掌

铁锡杖○长得像仙人掌但又不是仙人掌的铁锡杖属于菊科。铁制的螺纹接套上印上自己喜欢的图章,这就制成了一个原创的花盆。细长的花盆中种入纵向生长的铁锡杖,突出强调瘦长的结构。

容器尺寸:直径 23mm×125mm

Iron junk
使用到的仙人掌

右上开始顺时针数起:桃太郎/白云阁/白云阁/桃太郎/舞乙女/春萌/秋丽○像切开一半的橙子一样的生锈容器。以柱形仙人掌为中心种入长茎的多肉植物,制作出一个富有个性的作品。

容器尺寸:直径 150mm× 高 100mm

Iron junk
使用到的仙人掌

右边开始数起:姬将军/还城乐/铜绿麒麟/金晃○生锈的复古立伞架。把细长的铜绿麒麟种入容器后方,球形仙人掌金晃种在前面,营造立体感。

容器尺寸: 长 210mm× 宽 65mm× 高 220mm

小玉（右）/ 猩猩丸（左）/ ○上了
年代的美容霜瓶子。配合瓶子上的
红色标签而种入红刺的猩猩丸，再
加入郁金香的牌子，营造一种可爱
的风格。

金绣（右）/ 兜（左）○种入美容霜瓶
子中的仙人掌，好像有种一本正经的样
子。用完以后的化妆品瓶子在扔掉之前
不妨再三思一下。
容器尺寸：直径 55mm × 高 45mm

兜（右）/ 金晃（左）/ 浅浅的假象牙箱子
很适合种植扁球形的仙人掌。至于布局方
面，不要全种满仙人掌，应留出一点空白。

用家中沉睡着的杂货来制作
充满童心的组合盆栽

"不管什么样的容器都能制作成组
合盆栽哦！"孝先生说。

正如他所说的一样，孝先生用碗、
烟灰缸、陶制茶壶、实验道具和立伞架
等各种各样的生活杂货给我们制作出了
小型组合盆栽。使用底部没有孔的容器
制作盆栽时，要注意水分的管理。浇水
时只要加水至容器中的土壤湿了就足
够，切勿过湿。另外，容器的材质、大
小和装土量不同，导致的土壤的干燥度
也不一样。因为小仙人掌体内能够储存
的水分有限，因此容积小的组合盆栽的
浇水次数要比其他盆栽频繁。

Owan
使用到的仙人掌

右上开始顺时针数起：绯牡丹／玉翁／十二卷／白桦麒麟○用碗来营造和风风格。黑色的碗与绯牡丹的红色互相映照。前方的玉翁是盆栽的主角。沉甸甸的样子十分可爱。
容器尺寸：直径 125mm×65mm

Dobbin
使用到的仙人掌

右上开始顺时针数起：鸾凤玉／兜／鸾凤玉○简单的茶壶是在 100 日元店里买的。可以加入很多泥土，保水性好。非常适合作为室内装饰。
容器尺寸：直径 53mm×55mm

Iron kettle
使用到的仙人掌

右上开始数起：猿恋苇／月宫殿／红鹰○用生了锈的铁瓶营造深色的混搭风格。加上印有英文字母的旧牌子，稍微有点无国界的风格。
容器尺寸：直径 120mm×110mm

Ochoko
使用到的仙人掌

兜○塑料制的吃饭用的碗。把圆圆的兜种在中心，简单好看。往同样的容器各种入一株然后排在一起，效果十分可爱。
容器尺寸：直径 30mm× 高 45mm

Sharpener
使用到的仙人掌

金绣（右）/ 猩猩丸（左）○在柜子里面发现的附庸风雅的怀旧削铅笔器。把装铅笔屑的箱子作为花盆，制作出散发着昭和风的组合盆栽。

容器尺寸（种植内部）：长 80mm× 宽 50mm× 高 40mm

Bell
使用到的仙人掌

白桃扇（里）/ 银手指（前）○摘掉摇摆部分的铃铛反过来一放，发现恰好可以用来做花盆。为配合小漆桶的粉色，种入白桃扇和银手指，营造一种女孩子的气息。

容器尺寸：直径 50mm× 高 30mm

Antique Box
使用到的仙人掌

右边开始数起：还城乐 / 金洋丸 /宇宙树 / 白云阁○浇水时要注意不要被水弄湿盒子，这样就算是纸盒子也能保存 1~2 年。

容器尺寸：长 100mm× 宽 50mm×高 145mm

来试试种入极小的花盆里面吧

根比其他植物浅，生长发育慢的仙人掌。

活用它们的特性，把它们种在极小的花盆里试试吧。

手掌大的仙人掌最适合用来送人了。

材料：红麒麟 / 月宫殿

土 / 小粒鹿沼土

泥炭藓 / 椰子纤维

道具：镊子 / 调羹

时钟的零件箱子 直径 20mm× 高 10mm

1.

往容器中加入泥土。不要压实泥土，慢慢倒入。

2.

加入完泥土以后。泥土几乎装满了容器。

3.

用镊子夹住红麒麟，把根插入泥土中。

4.

泥土上面加入少量鹿沼土。留出加入泥炭藓和椰子纤维的地方。

5.

往红麒麟的根部周围塞入泥炭藓，让根部好好附着泥土。

6.

椰子纤维要从两个方向塞入，把红麒麟固定在泥土中。

千里迢迢找寻小仙人掌！

爱知县的春日井市所出产的土生土长的仙人掌位居全日本第一。
除了仙人掌苗之外，还制作商品和食品的春日井市现在是
最炙手可热的仙人掌文化景点。在园艺店里摆放的小仙人掌苗
和组合盆栽，说不定那些小仙人掌们就是来自这个镇子。

在伊藤仙人掌屋里面，欣欣向荣地生长着金琥、英冠、白闪以及猩猩丸等各种类型的仙人掌，还有很多已经生长了50年以上的金琥等古株。

从小小的种子开始种植的一个叫 "春日井" 的仙人掌产地

由试行错误而创造出来的养育仙人掌的房子

春日井市的仙人掌栽培进入正式化是在昭和34年。当时由于伊势湾台风而导致这个地区的果树园林遭受毁灭性的破坏。作为兴趣和副业而栽培仙人掌的伊藤仙人掌园的初代·伊藤龙次先生毅然带头转向栽培仙人掌。热心于研究的伊藤先生从原产地带来了种子，不断反复试验，终于掌握了如何从种子开始种植一株仙人掌。最繁盛的时期这里曾有200家农家从事仙人掌栽培。

种子以在春日井授粉的为主，柱形仙人掌之类的种子则从墨西哥和南美等地方进口。现在，这个地区所栽培的品种达200多种。

伊藤仙人掌园栽培出来的已经生长了2年将要准备输出市场的仙人掌苗。密密麻麻的仙人掌十分壮观。

土生土长的仙人掌横空上市

送到批发商手上的仙人掌被打扮得漂漂亮亮

在农家经过2年的生长发育，仙人掌苗终于被送到了育苗农家和批发商那里。与伊藤仙人掌园同在春日井市里的后藤仙人掌店把仙人掌制作成原创商品或者批发出售。安放在塑料篮子中整整齐齐的仙人掌们将在这里好好打扮一番，接着踏上送到全国园艺店和杂货店的旅途。

在时髦的容器中制作成组合盆栽，等待上市的仙人掌们。

左：在后藤仙人掌那里可以根据个人喜好选择仙人掌和容器来体验组合式盆栽的乐趣。从一排排仙人掌中挑选自己喜欢的品种，那感觉真的非常棒！右：色彩鲜艳的绯牡丹种植在诺大的房子里也非常抢眼。下：在后藤仙人掌里栽培的团扇仙人掌，能感受到生气勃勃的气息。花期为5～10月

Sabo Data 23. 🌵

"能吃的仙人掌"也能栽培出来！

终于到了可以食用的仙人掌登场！营养丰富的健康食材

仙人掌中有可以食用的品种，在春日井市，生产着被称为春日井团扇的仙人掌。团扇仙人掌的特点是有着秋葵一样的黏度和醒神的酸味。可以用作沙拉、炒菜等各种料理上。仙人掌是同时含有蔬菜和水果两者均含有的营养物质的健康食品。别以为仙人掌只能用作种植观赏，不妨尝一口食用仙人掌看看味道如何。

仙人掌的食用史可以追溯到纪元前。早上采集下来的新鲜茎酸味强烈。

🌵 **仙人掌街的车站前有仙人掌在恭候**

代表春日井市的
仙人掌吉祥物

　　从 JR 春日井车站或者胜川车站一下车，你就能看见春日井市仙人掌们正在恭候着你。春日井市车站摆放着很多白云阁和金琥的盆栽，巨大的龙舌兰从地面长出来。而在旁边的胜川车站坐镇的是春日井市仙人掌吉祥物们。这些被命名为春代、日丸、井之介的仙人掌吉祥物们穿着卡通服装出现在各种各样的节庆日。

上：日晒雨淋但状态也非常好的仙人掌们。左：就这样看也觉得好像要动起来的气势逼人的龙舌兰。右：球形仙人掌春代、柱形仙人掌日丸、披着陶俑的井之介。

🌵 **仙人掌的商品竟然有这么一大排！**

从米粉糕到拉面，
仙人掌竟然如此美味

　　在春日井市，春日井团扇仙人掌被开发成食品和商品，实行了商品化。如果想要在一个地方就看到所有仙人掌的这些商品，就要到春日井市仙人掌商业街的仙人掌空间。来到这里你绝对会惊讶"仙人掌竟能这样用"！访问这里时，只需要材料费 500 日元，你就能参加用新鲜仙人掌授课的料理课，简直就好像眼里只有仙人掌一样。市内的饭馆等地方也有各种各样的仙人掌料理。

Sabo Base

Sabo base
仙人掌空间
春日井市鸟居松町 7-63-1
0568-89-3383
9:00~20:00
年中无休（除了年底年初）

Sabo Item

春日井市出产的仙人掌商品 & 仙人掌食品

这东西很多其他也有哦一

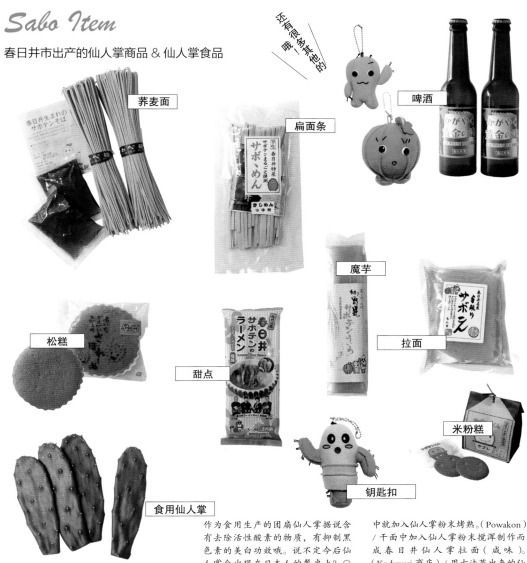

荞麦面

扁面条

啤酒

松糕

魔芋

拉面

甜点

米粉糕

食用仙人掌

钥匙扣

手提包

毛巾

作为食用生产的团扇仙人掌据说含有去除活性酸素的物质，有抑制黑色素的美白功效哦。说不定今后仙人掌会出现在日本人的餐桌上？○从第一段左边开始数起：用严格挑选出来的材料制作而成的仙人掌扁面条·荞麦面。((株)川·商店) / 把团扇仙人掌整个揉搓进去的半生类型面条仙人掌面。(田中食品制面) / 仙人掌吉祥物、"日丸"和"春代"。(大池) / 闪光黄金泡，用100%麦汁和仙人掌的黏着性制作出来的以奶油泡沫为特点的发泡酒。(小牧小壳酒贩组合春日井支部) ○第二段左边开始数起：仙人掌松糕，在松糕中就加入仙人掌粉末烤熟。(Powakon) / 干面中加入仙人掌粉末搅浑制作而成春日井仙人掌拉面(咸味)。(Kodawari商店) / 用古法蒸出来的仙人掌米粉糕。(白川园) 关东煮专门店用心制作的仙人掌魔芋，(门吉) ○第三段左边开始数起：所谓食用仙人掌，就是作为蔬菜食用而栽培出来的仙人掌。(后藤仙人掌) / 仙人掌吉祥物、"井之介"吉祥物。(大池) / 所谓仙人掌君，就是加入仙人掌精华制作而成的甜点。(美农屋) ○第四段左边开始数起：印有仙人掌角色的毛巾&包包(Toriyimatsunagu Company)。

经过一段很长的时间，稍微长大了一点的仙人掌们很快就可以在容器中制成组合盆栽，销往各处。感谢养大仙人掌们的辛勤农民们。

欣赏用多肉植物制作而成的展示品一角！

亲手制作好多肉植物的组合盆栽以后，就来挑战制作
一个以多肉植物为主角的展示品角落吧。
孝裕子先生制作的摆放着组合盆栽的空间一角，
不管看哪个感觉都充满了欢乐。

制作：孝裕子（tot-ziens）

用多肉植物和杂货共同打造
自己制作的展示品角落

　　制作多肉植物的一角，没必要特意把花园用品凑在一起。家里的家具和杂货等，不妨尝试这些东西的其他用途，结果会意外有趣哦！

　　孝先生所选择的背景是学习桌子、拉门、黑板和收音机，至于花盆则是空罐子和烹饪工具等稍微有点怀旧的家具和生活用品。

　　自己所喜欢的东西，尽管入手时期和光顾的商店风马牛不相及，但总有一些共同点。使用自己所选所喜欢的物品，一定能营造出具有统一感的空间。

耐热的搪瓷容器与多肉植物、
十二卷属还有肉锥花属形成
搭配。下面垫着的是暖炉板。
瓷砖风格的漆面有点怀旧。

Display point
展示的注意事项和要点

用桌子和椅子等大件的家具制作空间的基础。
放置的时候要考虑好不能妨碍到多肉植物照射日光。
采用各种大小和形状都不一样的容器。
制作高低差，使空间更具立体感。
决定主题的颜色，控制好所用颜色。

display pattern a.

昭和怀旧女孩风

用庸俗的色彩彰显多肉植物的个性

既新鲜又怀旧的昭和世界

花纹的电饭锅、迷人的一角。以电饭锅的红色为主题色，收集蓝色和黄色的杂货。

"放一个能使人印象深刻的昭和物品进去，那其他不是昭和时代的东西看起来也会很像，这样一来就能营造统一感。"

为突出高低差而使用到的是学习桌子和椅子。桌子前方挂着种入了多肉植物的大勺子，还能填补桌子下方的空白。

Display Point
展示的要点

用学校用的桌子和椅子突出高度。

放置不比背景大和色彩差的种有大型多肉植物的容器。

使用到的主要多肉植物

右上开始顺时针数起○姬将军 半透明的塑料杯：短毛球○白勺子：幻乐 / 金晃 / 猩猩丸 / 兜 / 金洋丸，金绣，红鹰○有花纹的白色器具：膨珊瑚○绿色的搪瓷容器：十二卷 / 肉锥花属 / 十二卷属 / 金绣 / 帝玉 / 翠晃冠 / 金绣 / 兜 / 金洋丸等○粉红色的塑料杯墨乌帽子○水色罐子：福禄寿 / 恐龙角○椅子上：金晃

照片左下方的水色罐子是驱蚊香的空罐子通过涂上油漆然后贴上标签制作成的。老旧的杂货和自己制作的东西形成了美妙的搭配，完美呈现昭和时代的怀旧风格！

昭和怀旧女孩风格具体教程

把煞风景的入口改造成昭和怀旧的风格。
使用桌子和椅子等简单能移动的家具和道具，
轻松制作一个小小的仙人掌角落。

before

Step1.
安放突出高度的椅子和桌子

制作展示的基础。中央安放桌子，旁边摆放椅子，营造出有高度差的空间。简单外形的学习桌子是什么气氛都能搭配使用的方便道具。

 →

Step2.
为进一步突出高度差
而安放台子和大件物品

在最引人注目的桌子上摆放演绎昭和怀旧风的主角——电饭锅。桌子下方摆放作为另一个蓝色主题色的暖炉台。

↓

Step4.
配合气氛选择
容器种入仙人掌

空间中要能看得到仙人掌，而小型仙人掌的聚集式盆栽从远处很难看见。因此应采用墨乌帽子和短毛球等大株的仙人掌来提升仙人掌的存在感。

Step3.
为保持协调而摆设小杂货

放入扫把和提灯、旧体重秤等杂货。所选杂货的颜色以红色、浅蓝色和黄色为中心。这样一来具有统一感的空间便营造出来了。

←

↓

Step5.
放入种好的仙人掌

摆放好大株的仙人掌之后，就轮到小型的组合盆栽了，应一边考虑阳光照射一边摆放。如果不想让泥土露出来，可以在容器中加入适量椰子纤维。

↗

after
所有东西摆
设完成！

极具统一感的女孩风格的仙人掌世界完成了。仙人掌们将在昭和怀旧的空间里慢慢成长。

大勺编

Uekomi Lesson

试试在奇形怪状的
杂货中种入仙人掌吧！

用铁丝勺子制作仙人掌的组合盆栽。
只要掌握了如何在日常杂货中种入仙人掌的秘诀，
以后不管什么样的杂货都能看成是花盆！

材料：左边开始数起：金凤龙 /2 株 / 白银宝山 / 金洋丸

铁丝勺子：直径 90mm × 60mm

钵底石 / 土 / 鹿沼土（小粒）

泥炭藓 / 椰子纤维

装饰用的小物品 / 电气零件 / 小石

道具：剪刀 / 镊子 / 调羹

1.

把麻布剪开约 30～40mm。

2.

为方便作业，把勺子放在大碗中固定，把步骤 1 中的布铺在勺子里面。

3.

把露出勺子外边的麻布剪掉。

4.

在麻布中放入钵底石。

5.

加入泥土至勺子的八成高。

6.

加入完泥土以后的样子。检查勺子底部的麻布有没有鼓起来。

7.

为防止布与布之间重叠的地方漏掉泥土，加入少量泥炭藓把缝隙堵住。

8.

用镊子夹住金凤龙，种在勺子的后方，作为组合盆栽的背景。

9.

在金凤龙旁边种入另一个金凤龙。

10.

在种下一个仙人掌之前，先加点泥土。

11.

勺子前面种入金洋丸。

12.

金洋丸右边种入白银宝山。如果根部缠住了，轻轻抖掉附在根部的泥土。

13.

种完所有仙人掌以后，在泥土上放入适量的小粒鹿沼土。

14.

种完以后的样子。

15.

因为是吊着摆放，泥土和仙人掌难以稳定，因此在仙人掌的根部塞入泥炭藓使其固定。

16.

再往两三个地方加入椰子纤维。

17.

摆放电气零件和石头等自己喜欢的小物品。

完成

display pattern b.

精致的町家风格

与多肉植物一起生活的舒适空间

控制好颜色的搭配，选择深色系

孝先生本人非常喜欢町家风格的角落。町家风格的多肉植物世界所使用的背景是从古董市场上买回来的老式拉门。把拉门立在墙上，制作一个和风式的角落。另外还使用了在古董市场上买回来的坏掉了的老收音机和插座等物品。因为都是些没用的东西，所以价格很便宜，大可尽情使用，而且与气氛非常搭配。

即使是这样的一个空间，你也能发现多肉植物可以很好地融入到和风世界中去。

Display Point
展示的要点

以拉门为背景。

木箱、生锈容器等采用深色系，营造统一感，突出红色的瓷砖和绿色的搪瓷杯。

放入老收音机等属于那个年代的东西。

使用到的多肉植物

右上开始顺时针数起○姬将军／白银宝山／白云阁／雷神阁烧杯（参照 p.103）○茶杯：兜／恐龙角○白色磁器：猩猩丸○铝杯：绯牡丹／白银宝山○玻璃容器：十二卷／金晃○四角灰色容器：白云阁／兜／若歌诗／雷神阁○有数字的长方形容器（左上横向开始数起）：橙宝山／幻乐／绯花玉／金洋丸／白云阁／白银宝山／金筒球／红鹰／金晃丸／兜／金绣／缩玉／四角鸾凤玉／猩猩丸圆形白色搪瓷杯／短毛球／金钱木○黑色锅：福禄寿／恐龙角○生锈容器：桃太郎／子株莲华／秋丽／白银宝山／银手球○黄色罐子：龙神木／恐龙角／十二卷／千代田之松／还城乐／舞乙女○铁瓶：猿恋苇○白色盆子：短毛球○有柄的老平底锅：金晃○绿色搪瓷杯：惠比寿大黑／筷子架：桃太郎○拉门后方：鬼面阁

只用一个角落制作出来的町屋空间。木箱里面是粗点心店用的玻璃瓶，瓶子里面装着泥土和钵底石，这种看得见里面的收纳器很有味道

美式流行风格

怀旧物品使气氛达 70'S！

多肉植物的搞怪的姿态很吸引人！

这个空间中最重要的物品是为突出高度感而使用的美制老桌子和作为背景使用的黑板。

"可以随意写留言和绘画的黑板是个非常好用的物品。而这次则在黑板上写下了多肉植物的名字。"

大株的鬼面阁和从箱子中接连耸起的露出脸来的短毛球、像结草虫一样吊起来的多肉植物们。独特且活泼的多肉植物的姿态让人不禁笑开颜来。

Display Point
展示的要点

用美制的桌子和黑板作为背景。

鬼面阁要使用大株的，营造大胆且活泼的气氛。

使用鲜红色的物品和黄色的 PEPSI 木箱等物品来突出时髦感。

使用到的多肉植物

右上开始顺时针数起○有标签的空罐子：春萌／恐龙角／短毛球／金筒球○粉色容器：翠晃冠○生锈空罐子：桃太郎○红色的长方形容器：橙宝山／白云阁／十二卷／金晃／兜○白色搪瓷壶：膨珊瑚／猿恋苇○大马口铁盆：鬼面阁○白色底盆：八千代／春萌／十二卷○青铜公主／姬将军○黑色木箱：短毛球／福禄寿○灰色杯子：墨乌帽子○绿色空提桶：福禄寿○长方形木箱（左边开始数起）：橙宝山／金凤龙／十二卷／月兔耳／峨嵋山／兜／福娘／还城乐○生锈空罐子：金洋丸／白桃扇／铜绿麒麟○红色奶壶：桃太郎○黑色花盆：恐龙角○有标签的生锈空罐子：筒叶花月／白云阁／白银宝山○红色杯子：金星○黑板（左边开始数起）猩猩丸／白云阁／姬麒麟／白银宝山

CÔFE PAPIER

musu kura

haku unkak

hime krin

syoujyou maru

PEPSI

像红色箱子一样的怀旧日本制收音机现在还有人在用！在刚移栽好的墨乌帽子和福禄寿的植株底部加入大量椰子纤维，不仅可以遮盖泥土，还能稳住根部，起到支撑作用

多肉植物阳台 & 小花园

"把向南的宽敞阳台和大门前方约 4 ㎡的空间打造成
一个小花园来欣赏。"上船小姐说。
这样一个色彩缤纷的漂亮空间的主角是小型多肉植物聚集式盆栽。

阳台花园制作：上船友子

制作一个以多肉植物为主角的
流行复古花园

　　"不管是组合盆栽还是阳台花园，我都
比较喜欢原创的，从墙面的板墙设计到上
色等，各种各样的物品都是自己一手一脚
制作出来的。"上船小姐说。至于种植多肉
植物的容器，大部分都是用空罐子重新制
作而成的原创作品。

　　"很喜欢锈铁和沉甸甸的木头的质感。
多肉植物虽说比较类似女孩子的气息，但
深色系的多肉植物很有男孩子风格。"

　　把老旧气息的容器、红色和蓝色的杂货
与多肉植物搭配起来，就形成了一个流行
的复古花园。如不想给人造成乱七八糟的
感觉，就得注意不要把阳台的所有地方都
堆满杂货和多肉植物，应留出一定的空间，
保持协调。

在长 60cm 的长容器中种入金晃丸、福
禄龙神木、白云阁和老乐等多肉植物，
营造出高度差和色彩之间的对比。多
肉植物的影子背后放入一只恐龙。

"不喜欢使用同样的容器。喜欢一个一个不一样的，突出它们的个性。"上船小姐说使用到的容器有花盆、旧罐子、铝罐和油漆桶等，款式多样。

已有的栅栏用自己做的板墙挡
住，把外面的视线挡起来。板墙
横向伸展，而且涂成了茶色。"十
分喜欢改变形象，但老是感觉不
到满足，想不断改变"，现在正
计划用枕木制作花圃。

阳台花园上的花盆形状和材质
完全风马牛不相及，但还是能
让人感受到统一感。从牛奶盒
到雪糕杯，只要自己觉得可爱
的就可以利用！

Veranda
使用到的多肉植物

铁制的吊篮：金筒球○雪糕杯：象牙团扇 / 红彩阁 / 白桃扇等○啫
喱杯：兜 / 大正麒麟 / 金晃○生锈罐子：橙宝山 / 团扇仙人掌等○
长方形木箱：福禄龙神木 / 金洋丸 / 老乐 / 短毛球 / 金晃 / 般若等○
牛肉罐头：英冠玉 / 老乐　生锈罐子：大戟属 / 荒波○灰色花盆：
橙宝山○灰色冰淇淋用的排子：绯牡丹 / 金晃 / 绯花玉 / 月笛丸 /
英冠玉 / 金小町等○黄色铁盆：橙宝山 / 白银宝山 / 泉丸等○牛奶盒：
赤乌帽子 / 绿乌帽子○杯子：大正麒麟 / 丽蛇丸 / 七宝树 / 白蛇丸
○长方形木箱：左边开始数起，仙人阁 / 白银宝山 / 怪魔玉 / 大正
麒麟 / 老乐 / 龙神木 / 金晃 2 株 / 十二卷 / 白云阁 / 金晃簇生等

富有个性的可爱多肉植物通过
组合盆栽更加有魅力

上船小姐家门口旁边的地方，因为是向北所以阳光不怎么好。为了让多肉植物尽可能多照一些阳光，她在板墙的高处造了一个架子，把小多肉植物的组合盆栽放到上面去。

平时虽然不用怎么花功夫打理，但雨天的时候就得把多肉植物的盆栽搬到屋檐下，冬天也是这样打理的。对于非常喜欢的多肉植物会特别处理，把它们放在室内阳光充足的窗台边。"长着各种各样的形态，充满个性，能做到这样非多肉植物莫属了！"上船小姐关于多肉植物的魅力如是说。看来她非常喜欢用小容器和小多肉植物制作出来的小世界。

上：门口旁的角落。以前板墙是深绿色，后来涂成了蓝色，给人一种沉着冷静的成熟气氛。下：用生锈的立伞架和从朋友中得来的膨胀合金进行组合，制成了放花盆的架子。印着数字"5"的空罐子也是上船小姐的杰作。

木箱子上面摆放着上船小姐
制作的组合盆栽。制作完聚
集式盆栽以后，一般会在上面
放一些小物品和椰子纤维作
为装饰。不管哪个盆栽都是
独一无二的，没有雷同。

在门口旁边那空地栽培的小多肉植物们。放在锈铁网上的被泥炭藓围着的马铁口水桶型多肉植物、涂了一层油漆的空罐子……光是看罐子都能带给人不少乐趣。

Entrance
使用到的多肉植物

左页开始数起〇长方形箱子：福禄龙神木／姬麒麟／小町／金琥／老乐／绫波／团扇仙人掌／近卫等〇车厘子罐：团扇仙人掌〇 JUNK GARDEN 空罐子：太阳／金小町／金晃／团扇仙人掌等〇黄色空罐子：赤乌帽子／绿项链／黑法师等
右页开始数起〇有字母 J 的罐子：十二卷／绯牡丹／粉宁芙等〇铁管道：猿恋苇／太阳〇小马口铁水桶：十二卷等〇手提包型的容器：黄金丸／金晃〇四角蓝色花盆：团扇仙人掌〇挂篮：金筒球〇涂了油漆的铝罐：花麒麟（左）／金琥（右）〇船型容器：小町　铁管道：恐龙角（左）／猩猩丸（右）〇小花盆：赤乌帽子〇冰淇淋杯子：团扇仙人掌〇花盆：姬将军／橙宝山／金晃／兜／福禄寿等

DIY 轻松制作多肉植物组合盆栽

在这里向大家介绍上船友子小姐用小多肉植物制作出来的原创组合盆栽的作品。
自己手工制作的花盆完美呈现了多肉植物的魅力。

总想制作一次看看的多肉植物箱子庭院。大株的短毛球和鲜艳的绯牡丹十分引人注目。再放入小牛和栅栏，这就很有牧场气息了。

通过没用的容器和小多肉植物用心制作出来的原创组合盆栽

在很多节庆日等日子里出售过自己制作的组合盆栽的上船小姐每天都制作新的作品。

上船小姐说："容器都是自己一个一个地涂上油漆。没有一个是现成品，就算比较花时间但也想自己亲手做出来。最近听到很多人对我说'多肉植物竟然长得这么可爱啊。'能让人感受到多肉植物的魅力，我真的很开心。"

像金枪鱼和秋刀鱼的烤鱼串等菜肴的空罐子，重新涂漆以后竟然这么可爱。使用水性的油漆，然后用干的油画笔把茶色油漆像轻轻敲一样涂上去，这样就能营造复古的气息。

多肉植物森林中的小牧场

使用到的多肉植物

左边开始数起，金琥／峨嵋山／王冠龙等○最左边：猿恋苇○右：最右边开始顺时针数起，十二卷／铜绿麒麟／银箭／赤乌帽子／千波万波／金晃／雪晃／短毛球／绯牡丹／大戟属／黑法师等

食品空罐不要扔掉，用来制作小小组合盆栽！

使用到的多肉植物

○黄色空罐子：赤乌帽子／菫牡丹／姬麒麟○祖母绿空罐子：金晃／福禄龙神木／鬼云丸2株／小町／穗高／银箭／黄金丸等

利用了木材和铁筋荸浸用的东西，把种入生锈容器的多肉植物的组合盆栽摆在一起，一个旧货收藏品就这样完成了。

把极小的分类像收藏品一样装饰

使用到的多肉植物

○吊着的金属丝篮子：白银宝山 ○小花盆：姬麒麟 ○药品容器：白桃扇／大戟属 ○红粉色的容器：金洋丸／十二卷属 ○铁导管：龙神木 ○铝箱子：魔云等 ○水壶：十二卷

深色系的颜色搭配很有
男士风格的组合盆栽

使用到的多肉植物

○红罐子：左边开始数起。月之王子／大正麒麟／英冠丸 ○有盖的罐子：左边开始数起，红彩阁锦化／翠晃冠 2 株 ○绿色空罐子：左边开始数起，青王丸／十二卷／老乐

采用深色系的多肉植物时，果断地使用了深色的油漆来搭配。有斑的红彩阁和老乐的使用是关键。

在木板上架三个不同类型的花盆，就成了壁挂装饰品。放在鸟屋上的小鸟十分可爱！用没用的材料组合而成的极小型木箱子。小水桶充分发挥了它的存在感。

挂在大门的欢迎板上

使用到的多肉植物

〇左边的篮子：红小町 / 峨眉山等 〇水桶:黄金司 〇小花盆:泉丸 〇右边的木箱:左边开始数起，猿恋苇 / 橙宝山 / 十二卷属 / 团扇仙人掌 / 无刺王冠龙

番茄罐制作出来的装饰品

使用到的多肉植物

〇有鸟笼的罐子：左边开始数起，凛气丸 / 般若 / 猿恋苇等 〇有数字 7 的罐子：左边开始数起，爱之蔓 / 猩猩丸 / 红彩阁等 〇有 JUNK 标签的罐子:左边开始数起，前方•绿项链 / 缩玉 / 白珠丸等

上船小姐至今为止已经数不清的番茄罐制作过组合盆栽了。不过当然，这里面没有一个是相同的。每个罐子可以种入 5~7 株多肉植物。

在外出时使用的手袋里种入多肉植物

使用到的多肉植物

〇苔藓手袋：左边开始数起，爱之蔓 / 老乐 / 丽蛇丸等 〇 JUNK 招牌：爱之蔓 / 兜 / 金武扇等

在铁丝网手袋的内侧铺上苔藓。就像上街时手袋装满东西一样，把多肉植物种满手袋。右边的小壶贴上了旧标签，效果很好看。

小多肉植物组合盆栽购物指南

购买充满个性的多肉植物

ᛋ sol × sol

既可爱又有存在感，
仙人掌与多肉盆栽

　　由创作总监的松山美纱小姐带我们走进仙人掌和多肉植物的专门商店。在温室徐徐生长的仙人掌们，每一个都非常健康。从简单的单株种植到严格挑选古老花盆制作而成的独一无二的组合盆栽，全都体现着松山小姐的审美观。最适合送给身边最重要的人。

Shopdata

电话号码：03-5820-4568
营业时间：10:00~16:00
休息日：周六 • 日，节假日
http://www.solxsol.com/

Shopdata

地址：〒660-0023 兵库县神户市中央区荣町大道3-2-4和荣大厦别馆2F
电话号码：050-1262-4114
营业时间：周五 15:30~18：00，周六 • 日 13：00~18:00，
http://www.tot-ziens.com/

ᛋ tot-ziens

用小型仙人掌 × 怀旧杂货
制作出来的组合盆栽世界

　　孝裕子先生只在周末营业仙人掌 & 多肉植物还有怀旧杂货的商店。店内有孝先生制作的组合盆栽和 tot-ziens 原创木箱、手工制作家的作品等琳琅满目。选择好容器和仙人掌后，可以在店里请老板替你制作组合盆栽，这也是一个卖点。还可以上网买，也有杂货店的东西。

❦ TANIKU GARDEN

用可爱的仙人掌和多肉植物制作原创的组合盆栽

　　"TANIKU GARDEN"是上船友子小姐 2008 年 12 月开通的博客。上面写有很多如何用仙人掌与其他多肉植物制作独一无二的组合盆栽和花园等方法。除了主要在关西的比赛或者 1 DAY SHOP 等地方展示组合盆栽作品之外，上船友子小姐也打算开设网上商店。

Shopdata
http://tanikugarden.bolg121.fc.com

Shopdata
地址：〒565-0852 大阪府吹田市千里山竹园 1 丁目 19-8
电话号码：06-6821-2501
营业时间：11：00~19：00
休息日：周二
www.workshop2007.com

❦ WORK SHOP

普通的生活杂货和有意思的原创家具

　　安静的住宅街上的一家商店＆咖啡店里，摆放着上船友子亲自制作的仙人掌组合盆栽。店内摆满了原创家具·杂货和海外买回来的生活杂货等，细心观赏时会让人不知不觉忘记时间的流逝。用铁、木、布、JUNK 感觉的物品制作出原创的家具或者改装。还有网上商店。

❦ NU NU CAFE

隐居之所一样的小和风咖啡店

　　能让来访者好好放松一番的惬意咖啡店。以上船小姐制作的仙人掌组合盆栽为首，店主还入手了很多室内杂货和厨房杂货等。以意大利面为主的午餐套餐、浓郁的芝士蛋糕和巧克力蛋糕等，每一样都那么让人回味无穷，满足度 100%。

Shopdata
地址：〒533-0014 大阪府东淀川
区丰新 5-15-25
电话号码：06-6327-0288
营业时间：11:00~19:00
休息日：无休
http://www.nunucafe.com

❦ COLOURS

深受当地人喜爱的小店

　　有很多古老家具，还有 T 恤等东西卖的商店。店门前摆放着 SUNNY APARTMENT 的仙人掌，老板自己上漆的花盆也很受欢迎。

Shopdata
地址：神奈川县横滨市户塚区下仓田町 1756-255
电话号码：045-410-8711
营业时间：11：00~20:00
休息日：周三

❦ SUNNY APARTMENT

入手称为仙人掌艺术品的作品

　　这是一家出售仙人掌和其他多肉植物、艺术品杂货等商品的网上商店。所出售的仙人掌都是有着奇妙姿态的个性品种，会让人不禁惊讶"这是什么？"这里有很多拟石莲花属、十二卷属、萝藦科等植物，另外还有不少多肉植物以外的品种。还可以订购多肉植物的花球等。

Shopdata
地址：神奈川县横滨市中区住吉町 5-65-2
Assorti 横滨马车道 2F
电话号码：045-680-5682
营业时间：11:00~20:00
休息日：周日
http://www.sunnu-aprtment.com

タイトル：ちいさいサボテンの寄せ植え
監修：松山美纱 /Misa Matsuyama
Group Planting of Small Cactuses
Cover and text design: Kaori Shirahata
Photo, interview and text: Chiaki Hirasawa
Proofreading: Mako Simazu
Editor: Harumi Shinoya
Special thanks to: sol × sol
Copyright ©2012 Graphic-sha Publishing Co., Ltd.
This book was first designed and published in Japan in 2012 by Graphic-sha Publishing Co., Ltd.
This Simplified Chinese edition was published in China in 2014 by Publishing House of Electronics Industry.

版权贸易合同登记号　图字：01-2013-5969

图书在版编目（CIP）数据

微花园：玩种人气多肉植物 /（日）松山美纱著；毛德龙译.

北京：电子工业出版社，2014.4
ISBN 978-7-121-21526-1

Ⅰ．①微… Ⅱ．①松… ②毛… Ⅲ．①仙人掌科－观赏园艺 Ⅳ．① S682.33

中国版本图书馆 CIP 数据核字（2013）第 223313 号

责任编辑：田　蕾
文字编辑：许　恬
印　　刷：中国电影出版社印刷厂
装　　订：中国电影出版社印刷厂
出版发行：电子工业出版社
　　　　　北京市海淀区万寿路 173 信箱　邮　编：100036
开　　本：720×1000　1/16　印　张：9　字　数：230.4 千字
版　　次：2014 年 4 月第 1 版
印　　次：2014 年 10 月第 2 次印刷
定　　价：49.80 元

参与本书翻译的人员有：黄亚丽、彭胡连、黄新春、张海玲、周光凤、徐满元、彭德辉、谭军、杨友新、张小玉。

凡所购买电子工业出版社图书有缺损问题，请向购买书店调换。若书店售缺，请与本社发行部联系，联系及邮购电话：(010) 88254888。

质量投诉请发邮件至 zlts@phei.com.cn，盗版侵权举报请发邮件至 dbqq@phei.com.cn。
服务热线：(010) 88258888。